手工坊轻松学编织必备教程系列

跟阿瑛轻松学棒针
实例详解篇

阿 瑛/编

你也可以轻松学会

中国纺织出版社

内 容 提 要

本书共收集了20款漂亮实用的棒针作品，包含了适合初学者编织的抱枕，围巾、披肩，还有各种款式的毛衣。且每个款式都配有详细的编织步骤教程与图解花样说明，让初学者更轻松的完成作品编织！

图书在版编目（CIP）数据

跟阿瑛轻松学棒针实例详解篇 / 阿瑛编. — 北京：中国纺织出版社，2018.9

（手工坊轻松学编织必备教程系列）

ISBN 978-7-5180-5047-5

Ⅰ．①跟… Ⅱ．①阿… Ⅲ．①毛衣针—编织—图集 Ⅳ．①TS935.522-64

中国版本图书馆CIP数据核字（2018）第112062号

责任编辑：刘 茸　　　　　　　　　责任印制：储志伟
编　委：刘 欢 张 吟　　　　　　封面设计：盛小静

中国纺织出版社出版发行
地址：北京市朝阳区百子湾东里A407号楼　　邮政编码：100124
销售电话：010-67004416　传真：010-87155801
http://www.c-textilep.com
E-mail:faxing@c-textilep.com
长沙鸿发印务实业有限公司印刷　　各地新华书店经销
2018年9月第1版第1次印刷
开本：889×1194　1 / 16　印张：7
字数：100千字　定价：34.8元

凡购本书，如有缺页、倒页、脱页，由本社图书营销中心调换

目录 ···

圆形花朵抱枕

编织方法见

第 005 页

圆形花朵抱枕

材料：
棉线豆色 130g，拉链 1 条

工具：
3.75mm 棒针、3.75mm 环形针、缝针

成品尺寸：
半径 19cm

编织密度：
23 针 ×36 行 /10cm

编织方法：

● 前后片：分片织，别线起针，用 3.75mm 棒针起 12 针圈织，用环形针织出一些高度后拆掉别线，用缝针穿过 12 针起针，收紧开口。按图解继续织至所需的长度后，平收针。

● 缝合：留出拉链的位置，用棒针边织边缝合前后片，最后缝上拉链。

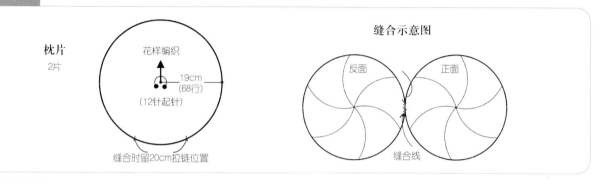

结构图

枕片
2片

花样编织
19cm
(68行)
(12针起针)

缝合时留20cm拉链位置

缝合示意图

反面   正面

缝合线

花样编织图

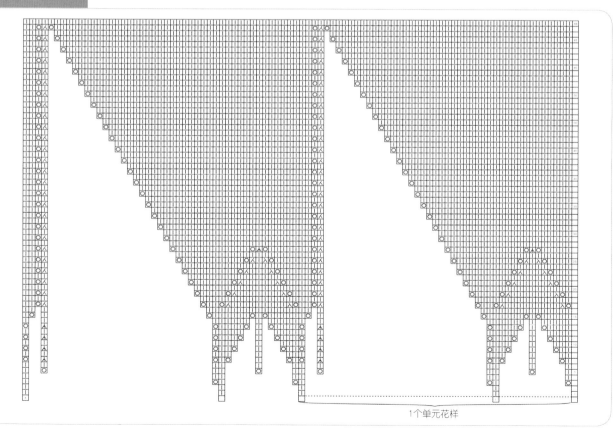

1个单元花样

枕片的编织

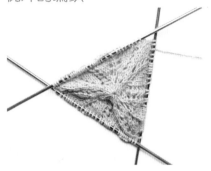 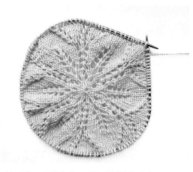 

1 用别线起针法起 12 针，如图所示进行圈织。

2 换到环形针上一边分散加针，一边编织出中心的花样。

3 如图所示，编至需要的大小。

4 如图所示，开始用套收法收针。

5 收针结束就完成了一片，再将另一片也用同样的方法编织。

枕片的缝合

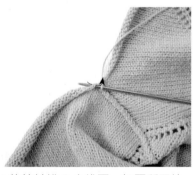  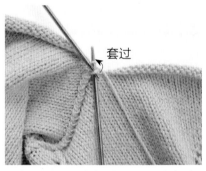

套过

● 将棒针挑 2 个线圈，如图所示编织 1 针下针。

● 现在棒针上有 2 个针圈。

● 如图所示，左棒针挑起 1 针套过另 1 针。

● 退出左棒针，即完成 1 针的缝合。

● 继续缝合。最后留出拉链长度的开口不缝合，直接在反面安装好拉链。

Lesson 2

方形抱枕

编织方法见

第 008 页

方形抱枕

材料：
中细棉线豆色 200g，拉链 1 条

工具：
3.75mm 环形针、缝针

成品尺寸：
长 41.5cm、宽 41.5cm

编织密度：
花样编织、上针编织 27 针 ×38 行 /10cm

编织方法：

● 枕片：整片连织，用 3.75mm 环形针起 112 针，左、右两侧各 37 针上针编织，中间 38 针花样编织，平织 158 行。接着织 158 行上针，然后平收针。

● 缝合：织片对折，两个侧边分别缝合，留下的开口缝合拉链。

结构图

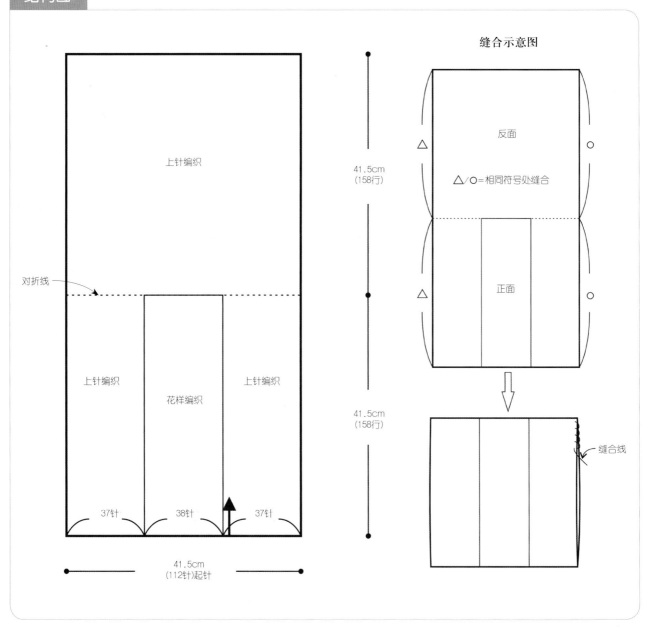

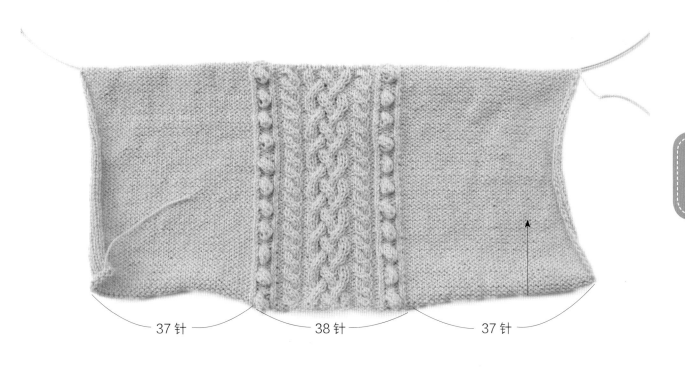

37 针　　　38 针　　　37 针

● 用 3.75mm 环形针起 112 针，如图所示，左、右两侧各 37 针织上针，中间 38 针织花样，织至 158 行。

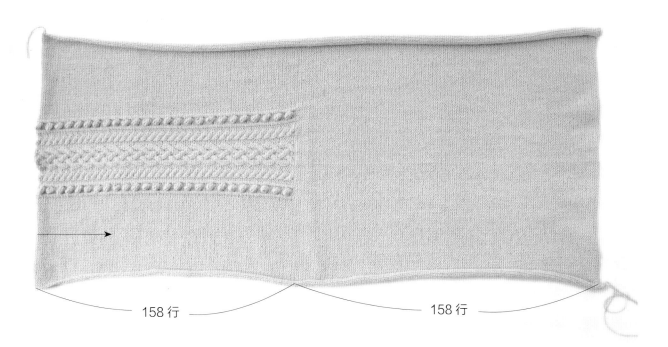

158 行　　　158 行

● 如图所示，再将 112 针全部编织 158 行上针，最后平收针。

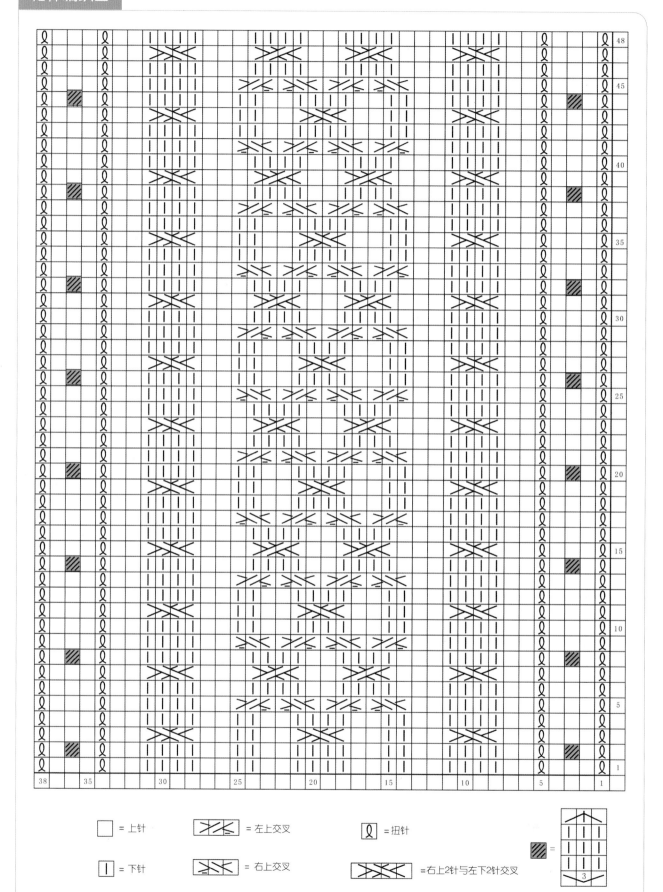

Lesson 2

方形抱枕

迷你小南瓜

编织方法见

第012页

迷你小南瓜

材料:
中粗棉线姜黄色、绿色各适量

工具:
3.25mm 环形针、缝针

成品尺寸:
宽8cm、高4cm,瓜柄长2cm

编织密度:
参考花样编织图

编织方法:

● 瓜瓣:用 3.25mm 棒针起 3 针,左、右两侧先加针,再减针,共织 8 片瓜瓣,瓜瓣织好后逐一缝合。

● 瓜柄:在缝合后的 8 片瓜瓣上挑 31 针,依次减针,减至 7 针时,再圈织 7 行,收针藏线头。

● 瓜底:挑 23 针,依次减针至 5 针,收针缝合。

● 填充:往南瓜内侧塞入填充棉,缝合余下的开口。

结构图

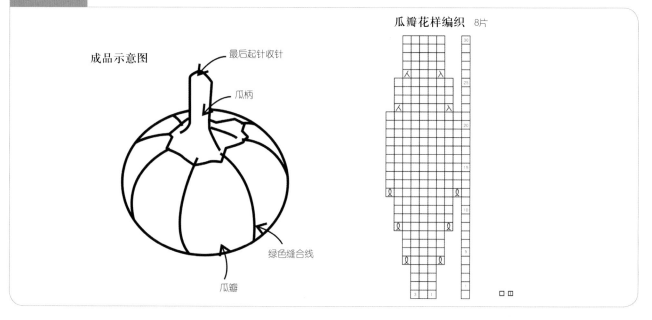

成品示意图

最后起针收针

瓜柄

绿色缝合线

瓜瓣

瓜瓣花样编织 8片

符号详解图步骤

右上2针并1针	入			套收	
左上2针并1针	人				
扭针加针	Ɋ				

南瓜花样编织图

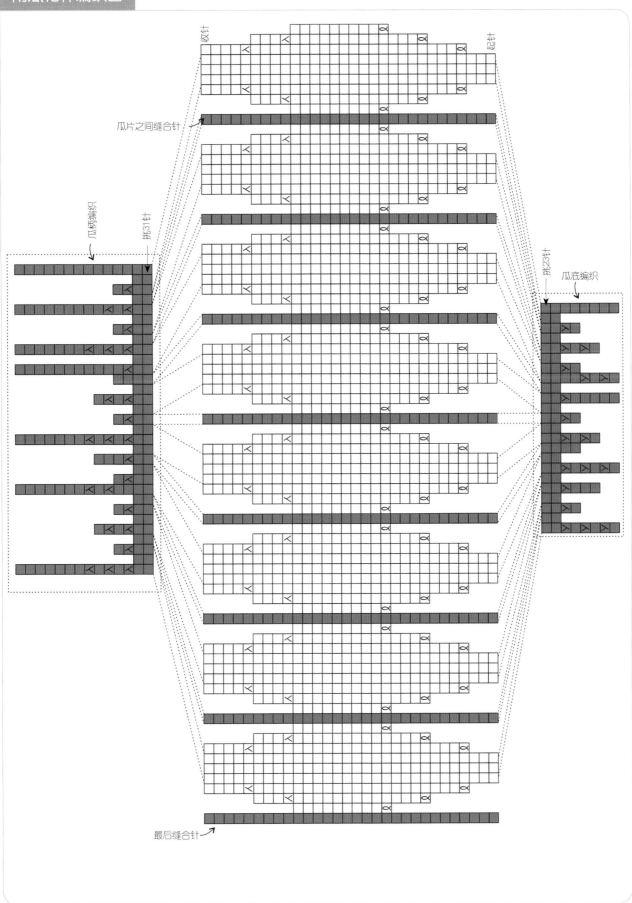

瓜片之间缝合针

瓜柄编织

挑31针

瓜底编织

挑23针

收针

起针

最后缝合针

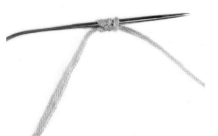

1 用 3.25mm 环形针起 3 针。

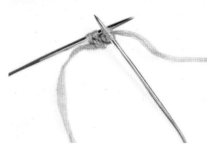

2 如图所示，正面第 1 行编织下针。

3 反面第 2 行编织上针，正面第 3 行编织下针，共平织 3 行。

4 第 4 行开始左、右两侧各扭针加针 3 次。

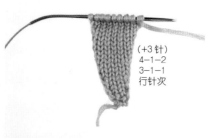

(+3针)
4-1-2
3-1-1
行针次

5 加针完成后，再平织 10 行。

6 平织 10 行后，左、右两侧各减 2 针，1 片瓜瓣完成。

7 按步骤 1~6，共编织 8 片瓜瓣。

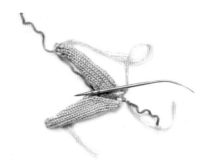

8 如图所示，开始用绿色线缝接瓜瓣。

9 图为 2 片瓜瓣缝接完成的状态。

10 图为 3 片瓜瓣缝接完成的状态。

11 图为 8 片瓜瓣缝接完成的状态。

12 换新线在每片瓜瓣收针处挑针，共挑 31 针。

13 瓜柄平织 2 行后，开始如花样图所示减针。

14 减针完成后，现在棒针上只剩 7 针。

15 将这 7 针圈织 7 行，依次用环针头的左、右端一直在正面编织。

16 平织 7 行后，利用缝针收针。

17 图为瓜柄完成的状态。

18 在瓜瓣的另一端起针处挑 23 针织瓜底。

19 平织 2 行后，开始如花样编织图减针，减至 5 针。

20 利用缝针收针，结束瓜底编织。

21 继续用缝针将瓜底两边线缝合。

22 将多余的线头都藏至里侧。

23 开始缝合最后 1 条瓜瓣连接处。

24 往内侧塞入适量的填充棉继续缝合开口。

完成！

橙色套头衫

编织方法见

第 017 页

橙色套头衫

材料：
中粗羊毛线橙色 390g

工具：
3.75mm、4.0mm 棒针，缝针

成品尺寸：
衣长 52cm、胸围 67cm、背肩宽 26.5cm、袖长 43cm

编织密度：
22 针 ×31 行 /10cm

编织方法：

● 前后身片：分片织，分别用 4.0mm 棒针起 74 针，织 30 行花样，再织 76 行平针后分袖窝。

● 袖片：用 4.0mm 棒针起 42 针，织 30 行花样，再织 76 行平针，开始减袖山。

● 下摆：将前后片缝合后，用 4.0mm 棒针，挑 148 针，圈织 10 行单罗纹。

● 袖口：用 3.75mm 棒针挑 42 针，织 8 行单罗纹。

● 领口：用 3.75mm 棒针挑 74 针，圈织 4 行单罗纹。

结构图

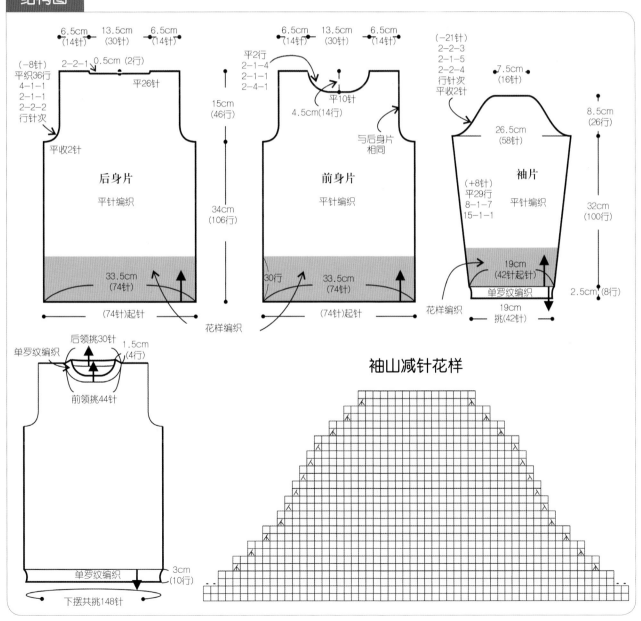

袖山减针花样

前身片花样编织图

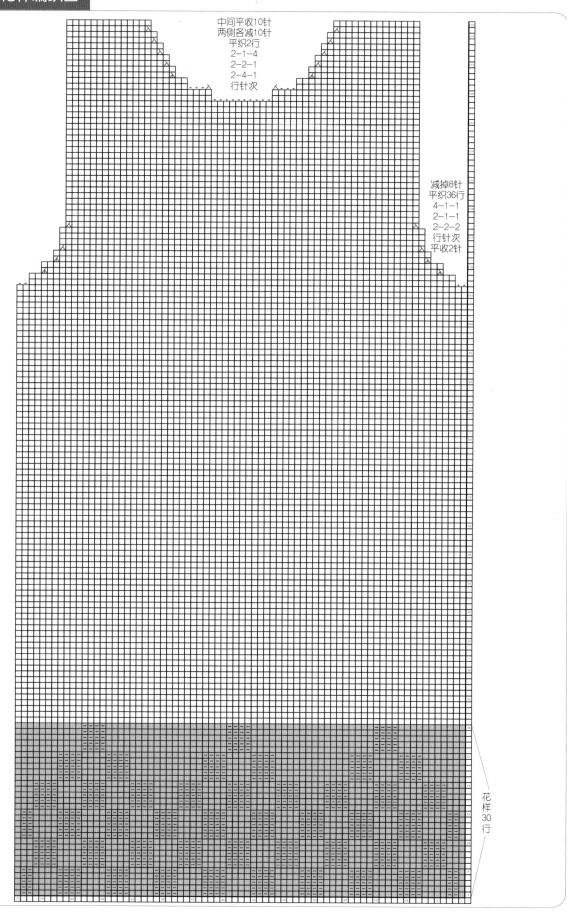

中间平收10针
两侧各减10针
平织2行
2-1-4
2-2-1
2-4-1
行针次

减掉8针
平织36行
4-1-1
2-1-1
2-2-2
行针次
平收2针

花样
30
行

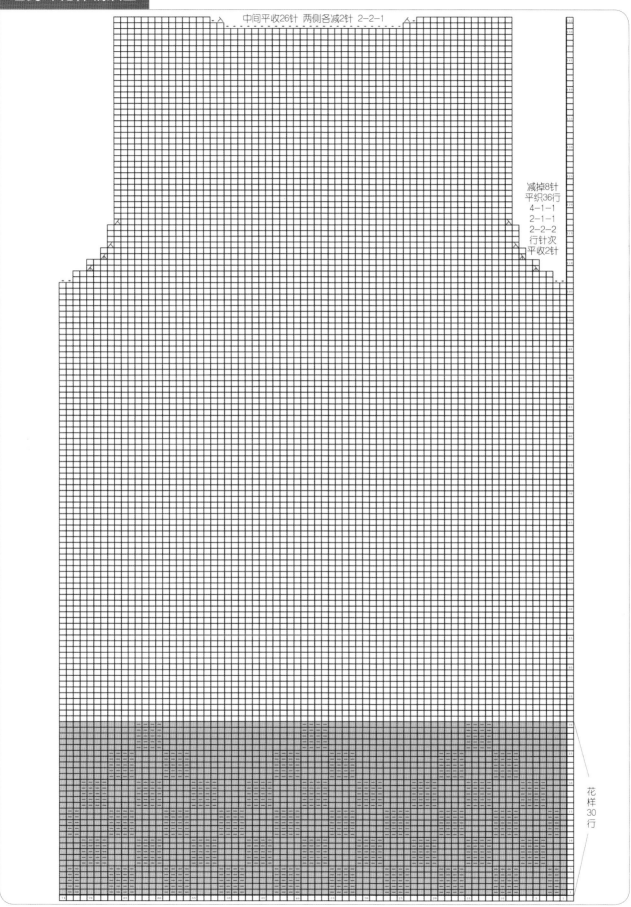

中间平收26针　两侧各减2针　2-2-1

减掉8针
平织36行
4-1-1
2-1-1
2-2-2
行针次
平收2针

花样
30行

Lesson 4

橙色套头衫

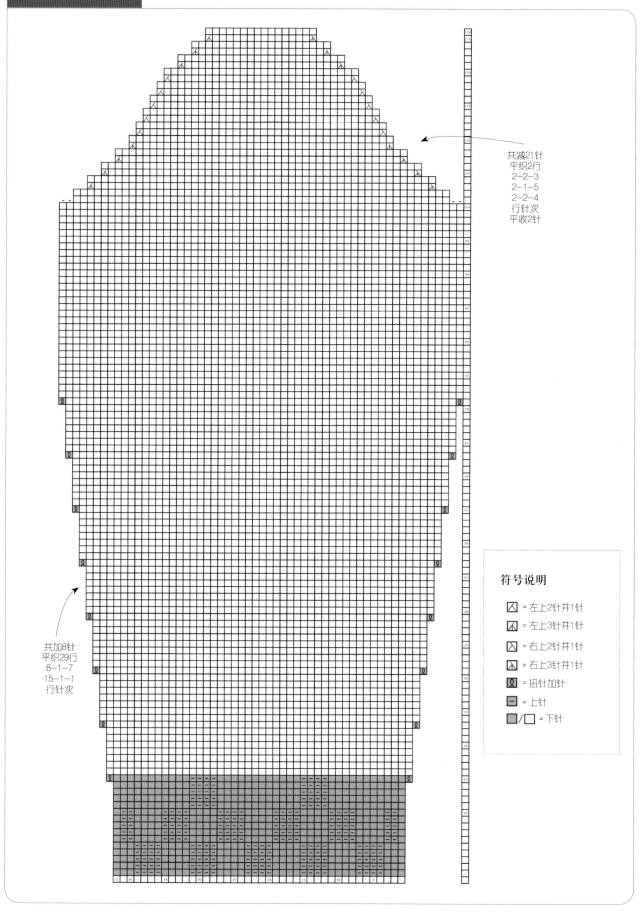

共减21针
平织2行
2-2-3
2-1-5
2-2-4
行针次
平收2针

共加8针
平织29行
8-1-7
15-1-1
行针次

符号说明

人 = 左上2针并1针

人 = 左上3针并1针

人 = 右上2针并1针

人 = 右上3针并1针

Q = 扭针加针

— = 上针

▨ / □ = 下针

挑领

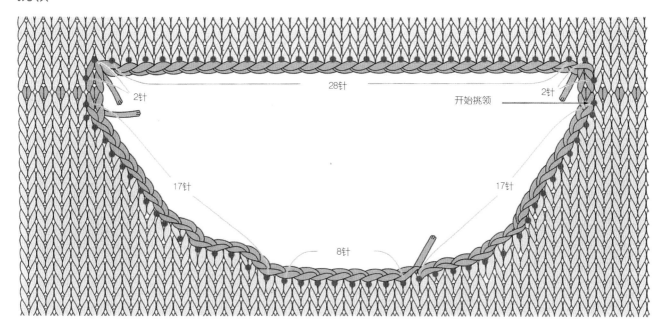

28针

2针

2针

开始挑领

17针

17针

8针

领口挑针示意图

领口完成图

身片两侧的缝合

袖片与身片的缝合

粉色花朵毛衣

编织方法见

第 023 页

粉色花朵毛衣

材料：
中粗羊毛线粉色 280g

工具：
3.25mm、3.0mm 棒针，缝针

成品尺寸：
衣长 55.5cm、胸围 89cm 、
背肩宽 34.5cm、袖长 49.5cm

编织密度：
31 针 ×36 行 /10cm

编织方法：

● 前后身片：分片织，用 3.25mm 棒针起 120 针，编织 18 行单罗纹；单罗纹结束后，直接在单罗纹的两侧边挑针，每边各挑 9 针，加上原有的 120 针，共 138 针；前片织 3 条花茎，后片不织花，只织平针。

● 袖子：用 3.25mm 棒针起 60 针，编织 16 行单罗纹，中心织 1 条花茎。

● 领口：用 3.0mm 棒针挑 125 针，先织机器边，再织 8 行平针后平收针。

● 花朵：用 3.25mm 棒针，起 52 针，编织 5 行单罗纹，每 8 针 1 个花瓣，共 6 个花瓣，总共编织 5 朵花。

结构图

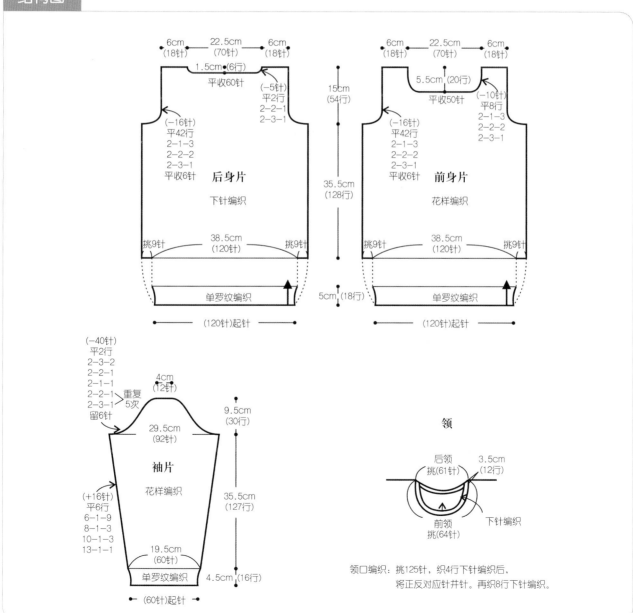

领口编织：挑125针，织4行下针编织后，
将正反对应针并针。再织8行下针编织。

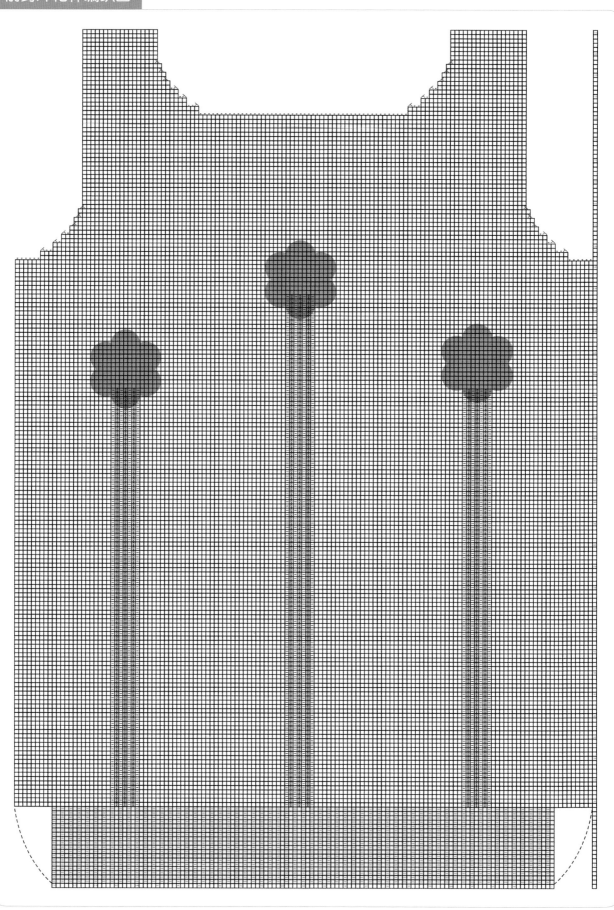

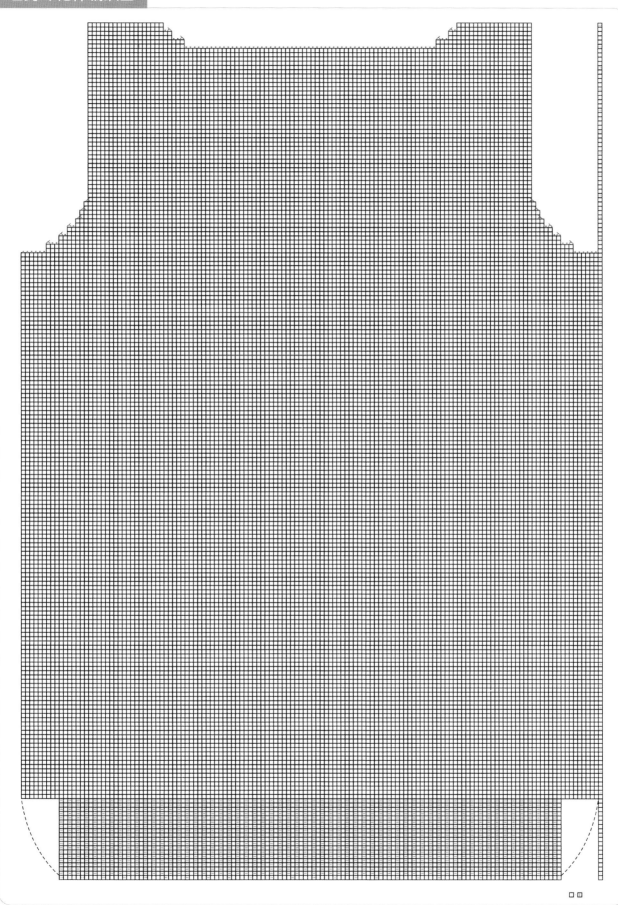

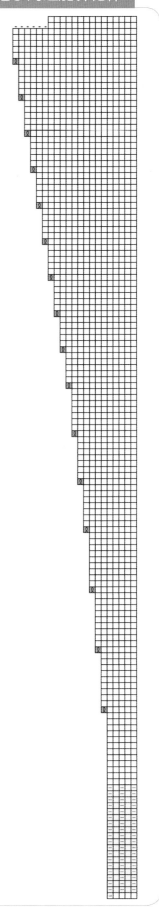

粉色花朵毛衣

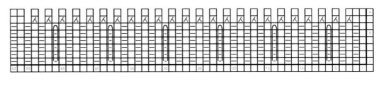

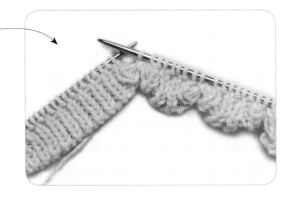

1 用 3.25mm 棒针起 52 针，织 5 行单罗纹后开始织花瓣；每个花瓣 8 针，每隔 8 针挑织一针 5 行的延伸针；共 6 个花瓣。

2 共 6 个花瓣，左、右两侧各织半个花瓣。

3 花瓣结束后，织 2 针并 1 针减掉 24 针，余 28 针。

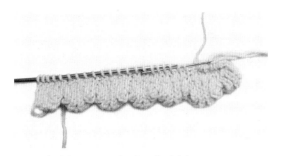

4 用缝针如图所示穿过所有的针。

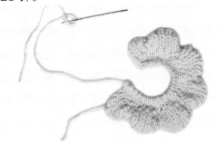

5 拉紧线头，缝合花瓣。

6 藏好线头，花朵完成。

7 如图所示加入装饰珠子，将花朵缝合至衣身片上。

粉色贝壳花毛衣

编织方法见

第 029 页

粉色贝壳花毛衣

材料：
中细棉线 2 股 粉色 215g

工具：
3.25mm、3.75mm 棒针

成品尺寸：
衣长 49cm、胸围 73cm 、
肩袖长 36cm

编织密度：
25 针 ×30 行 /10cm

编织方法：

● 前身片：用 3.75mm 棒针起 101 针，中心排花 51 针，两边各 25 针织上下针，左右两侧按 20-1-4 的方法各减 4 针后，平织 20 行，织至 100 行后开始袖窝减针，在第 16 次减针的同时，收前领窝，中间平收 11 针，然后两侧按 2-3-5 引返。

● 后身片：用 3.75mm 棒起 100 针，织上下针，织至 100 行后开始袖窝减针。

● 袖子：用 3.75mm 棒针起 70 针，织 60 行的高度后，开始袖窝减针。

● 领口：用 3.25mm 棒针挑 95 针，圈织 10 行平针后平收结束。

结构图

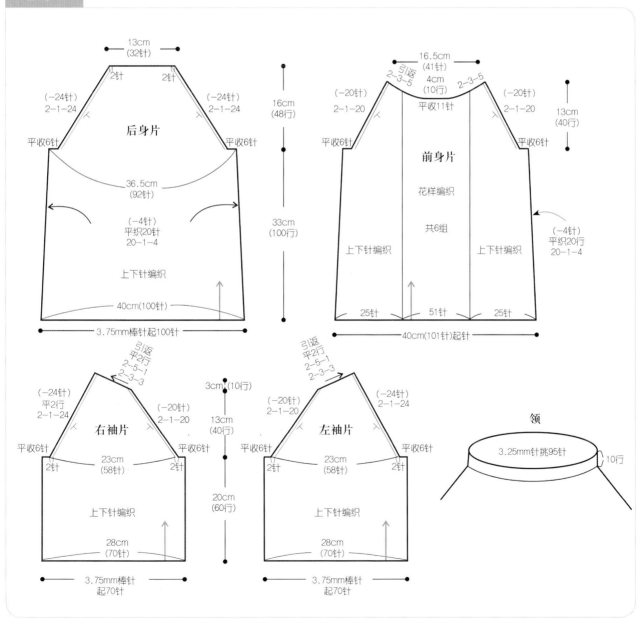

花样编织图解

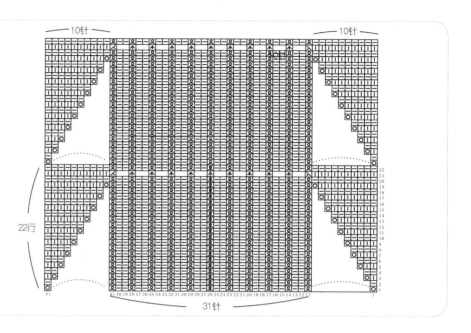

符号说明：

| | = 下针

| - = 上针

| O = 镂空针

| 오 = 扭针

| ↑ = 中上3针并1针

| ↘ = 右上2针并1针

| ↙ = 左上2针并1针

前身片花样图解

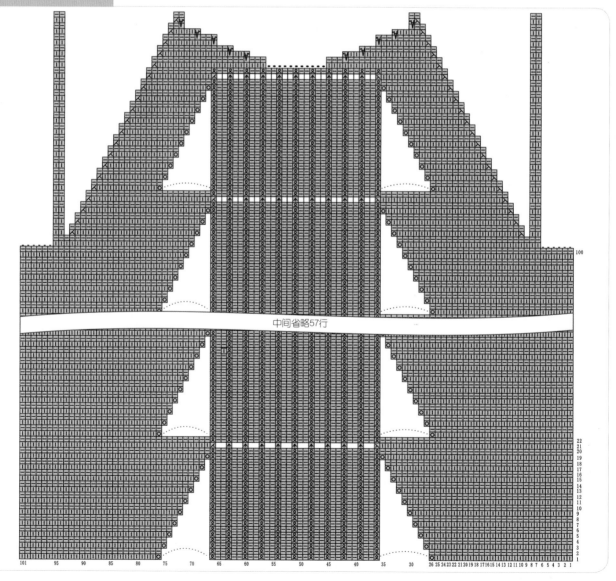

中间省略57行

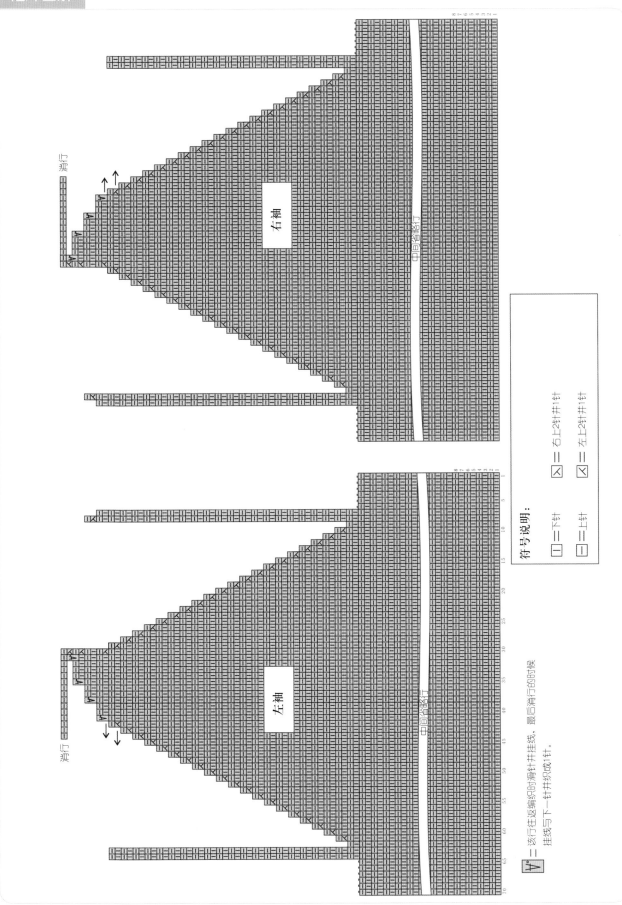

右袖

左袖

中间省略行

符号说明：

□ = 下针
□ = 上针
ⱅ = 右上2针并1针
ⱅ = 左上2针并1针

Ⱅ° = 该行在返编织时滑针并挂线，最后消行的时候
挂线写下一针并1针织成针。

消行

Lesson 6

粉色贝壳花毛衣

小清新公主裙

编织方法见

第 034 页

Lesson 7

小清新公主裙

材料：
中细宝宝棉线 绿色 200g
工具：
3.25mm 环形针、缝针
成品尺寸：
衣长 39.5cm、胸围 67cm 、
肩袖长 13.5cm
编织密度：
30 针 × 38 行 /10cm

编织方法：
● 衣身片：用 3.25mm 棒针起
130 针，织 6 行上下针，再织
79 行花样 A，第 79 行的中间减
掉 30 针，第 80~83 行织上下针，
84 行开始织平针，104 行开始
减袖口。
● 袖口：别线起针，挑 55 针织
46 行平针。
● 领口：挑 110 针，织 6 行上
下针后平收针。
● 袖口花边：挑起 3 针，依次加
针、减针，织 6 个三角形花边。
蝴蝶结，起 15 针织 20 行上下
针后平收。

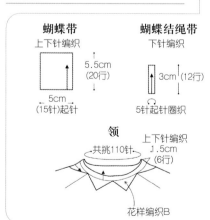

蝴蝶带
上下针编织
5.5cm（20行）
5cm（15针）起针

蝴蝶结绳带
下针编织
3cm（12行）
5针起针圈织

领
上下针编织
1.5cm（6行）
共挑110针
花样编织B

结构图

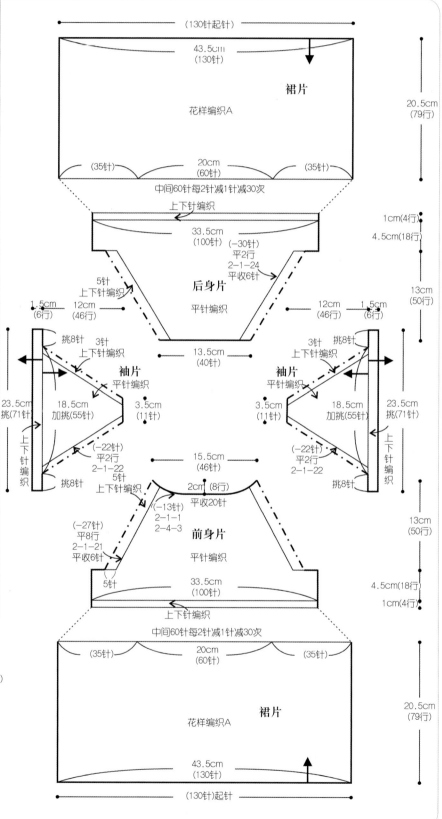

（130针起针）
43.5cm（130针）
裙片
花样编织A
20.5cm（79行）
（35针） 20cm（60针） （35针）
中间60针每2针减1针减30次
上下针编织
33.5cm（100针）
1cm（4行）
4.5cm（18行）
（-30针）平2行 2-1-24 平收6针
后身片 平针编织
13cm（50行）
5针 上下针编织
1.5cm（6行） 12cm（46行） 12cm（46行） 1.5cm（6行）
挑8针 3针上下针编织 3针上下针编织 挑8针
13.5cm（40针）
23.5cm挑（71针） 18.5cm加挑（55针） 3.5cm（11针） **袖片**平针编织 15.5cm（46针） **袖片**平针编织 3.5cm（11针） 18.5cm加挑（55针） 23.5cm挑（71针）
上下针编织 上下针编织
挑8针 挑8针
（-22针）平2行 2-1-22 5针 2cm（8行）平收20针 （-22针）平2行 2-1-22
上下针编织 上下针编织
（-27针）平8行 2-1-21 平收6针 （-13针）2-1-1 2-4-3
5针 **前身片** 平针编织
13cm（50行）
15.5cm（46针）
上下针编织
4.5cm（18行）
1cm（4行）
33.5cm（100针）
上下针编织
中间60针每2针减1针减30次
（35针） 20cm（60针） （35针）
裙片 花样编织A
20.5cm（79行）
43.5cm（130针）
（130针）起针

裙片花样编织 A

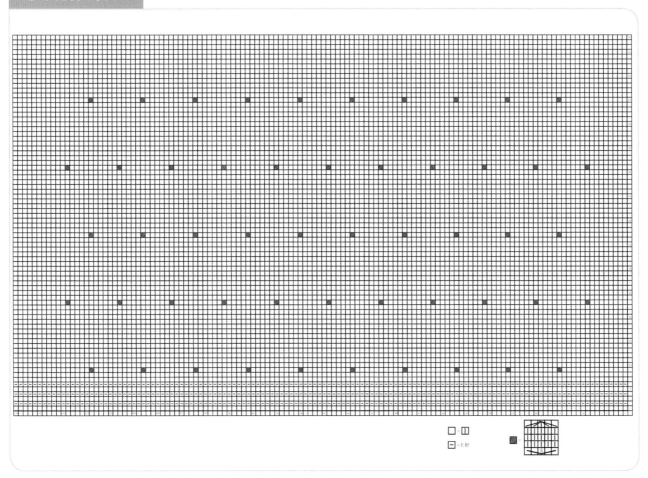

□ = □

□ = 上针

编织步骤

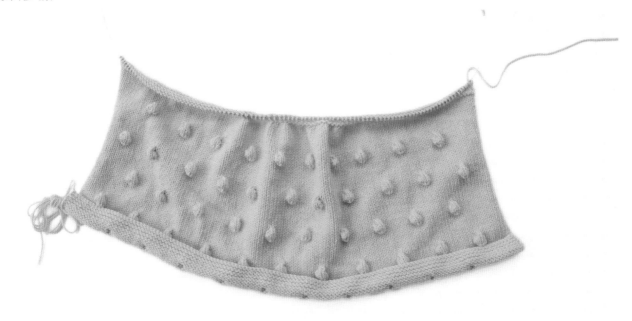

1 用 3.25mm 环形针起 130 针，先编织 6 行上下针再编织 78 行花样 A，在第 85 行上减针。
中间 60 针用 2 针并 1 针的方法减掉 30 针，第 86 行织 1 行上针，第 87 行织 1 行下针，
第 88 行织 1 行上针，第 89 行织 1 行下针，第 90 行开始织平针。

2 前、后裙片都编织到第108行时，开始圈织，左、右袖片各用别线加针挑55针。

共310针

袖口别线挑针

3 图中米色线部分为别线锁针加针挑的55针，环针上共310针。开始往领口方向进行减针编织。

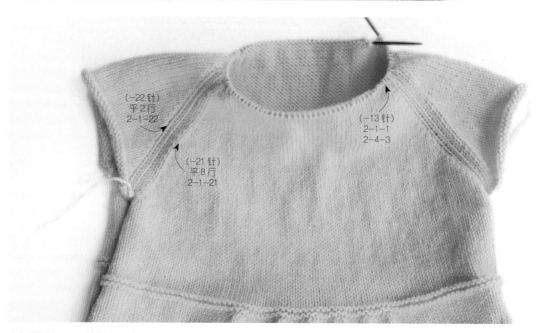

（-22针）
平2行
2-1-22

（-21针）
平8行
2-1-21

（-13针）
2-1-1
2-4-3

4 如图所示，减针编织完成，现在环形针上共有108针。

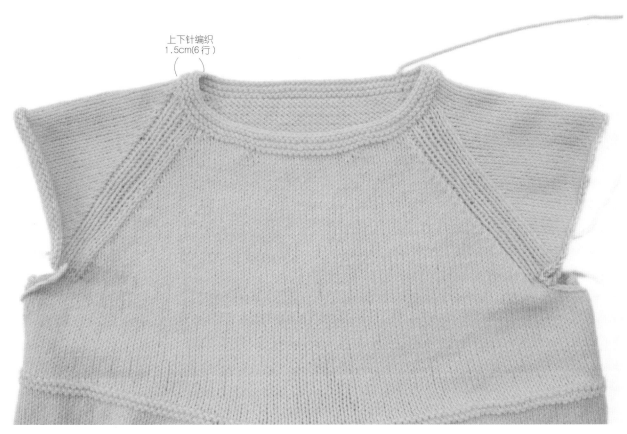

上下针编织
1.5cm(6行)

5 减针编织完成后沿领圈织 6 行上下针，平收针。

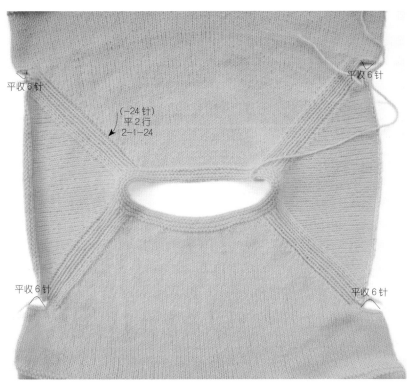

平收6针

平收6针

(−24 针)
平 2 行
2-1-24

平收6针

平收6针

收针方法步骤图

第2针 第1针

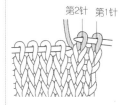

1 编织2针下针。

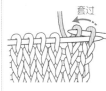

套过

2 将织好的第1针如箭头所示套过在第2针上。

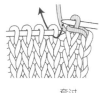

3 1针下针的平收针完成，接着如箭头所示编织第3针下针。

套过

4 再次如箭头所示，将前1个针圈套过在织好的第3针下针针圈上。

袖口

1 将袖口别线挑针的线拆掉,所有的针都挑至棒针上,袖窝两端各挑 8 针,即袖口共 71 针。

2 如图所示编织 6 行上下针。

3 图为袖口编织完 6 行上下针,收针完成的状态。

领的编织方法

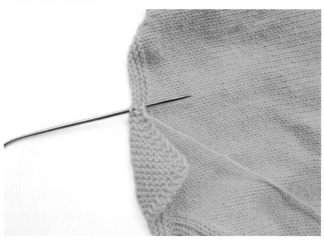

领花样编织 B

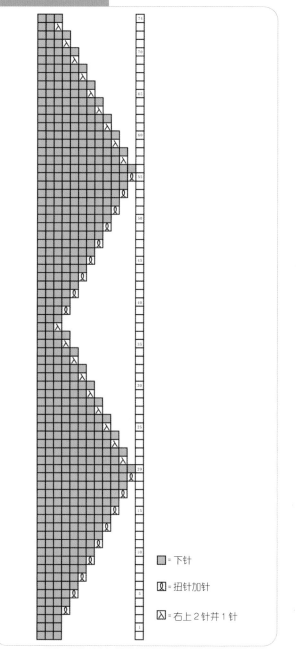

■ = 下针

Ω = 扭针加针

⋉ = 右上 2 针并 1 针

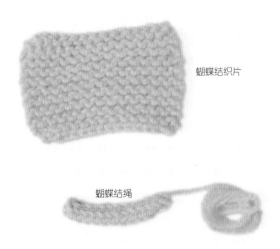

蝴蝶结织片

蝴蝶结绳

● 起 15 针，编织 20 行上下针，完成蝴蝶结织片，再起 5 针，1 行织完，把所有针圈滑到棒针另一端重复步骤织 11 行平针，余 20cm 长的线端断线，完成蝴蝶结绳。

● 将蝴蝶结织片折出褶，中间用蝴蝶结绳固定。

● 用缝针穿线，将蝴蝶结装饰固定在衣服上。

● 图为整体完成状态。

Lesson 8

帅气开襟背心

编织方法见

第 041 页

帅气开襟背心

材料：
中粗羊毛线姜黄色 400g、
米黄色适量，扣子 8 枚

工具：
3.25mm 棒针、3.25mm 环形针、
缝针

成品尺寸：
衣长 50.5cm、胸围 94cm、
背肩宽 38cm

编织密度：
26 针 ×32 行 /10cm

编织方法：
● 后身片：用 3.25mm 棒针起 120 针，
编织 20 行双罗纹；衣身编织 85 行平
针，开始收袖窿。
● 前身片：起 57 针，织 20 行双罗纹，
衣身编织 85 行平针后，开始收袖窿。
● 领口：挑 110 针织机器边，然后编
织 9 行双罗纹。
● 袖口：挑 98 针，织机器边结束后，
编织 4 行双罗纹。
● 门襟：挑 126 针，织机器边结束后，
编织 9 行双罗纹。

结构图

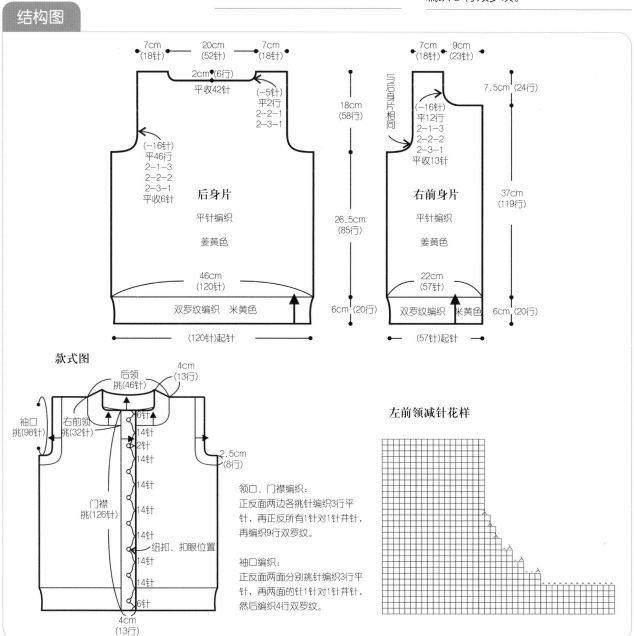

后领
挑(46针)

4cm
(13行)

袖口
挑(98针)

右前领
挑(32针)

6针
14针
2针
14针
14针
14针
14针
14针
14针
6针

2.5cm
(8行)

门襟
挑(126针)

纽扣、扣眼位置

4cm
(13行)

款式图

领口、门襟编织：
正反面两边各挑针编织3行平
针，再正反所有1针对1针并针，
再编织9行双罗纹。

袖口编织：
正反面两面分别挑针编织3行平
针，再两面的针1针对1针并针，
然后编织4行双罗纹。

左前领减针花样

后身片结构图：
7cm(18针)、20cm(52针)、7cm(18针)
2cm(6行) 平收42针
(−5针) 平2行 2−2−1 2−3−1
(−16针) 平46行 2−1−3 2−2−2 2−3−1 平收6针
后身片 平针编织 姜黄色
18cm(58行)
26.5cm(85行)
46cm(120针)
双罗纹编织 米黄色
6cm(20行)
(120针)起针

右前身片结构图：
7cm(18针)、9cm(23针)
7.5cm(24行)
与后身片相同
(−16针) 平12行 2−1−3 2−2−2 2−3−1 平收13针
右前身片 平针编织 姜黄色
37cm(119行)
22cm(57针)
双罗纹编织 米黄色
6cm(20行)
(57针)起针

右前身片花样编织图

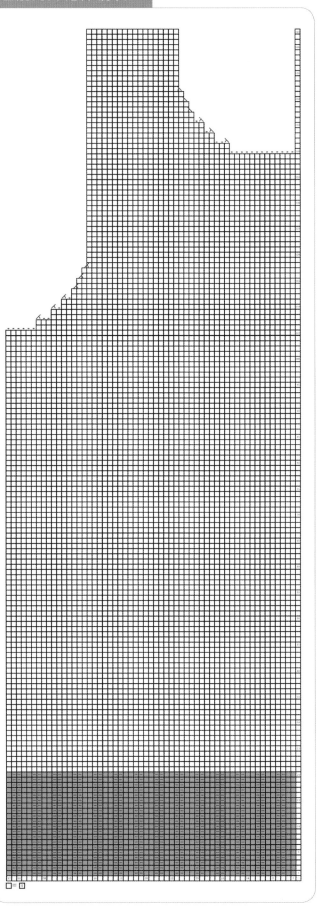

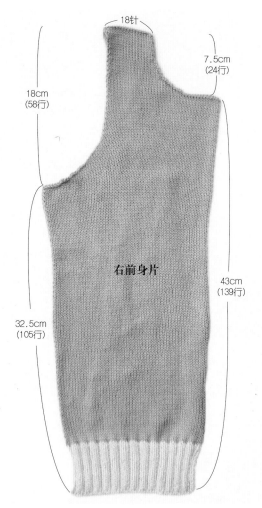

18针

7.5cm
(24行)

18cm
(58行)

右前身片

43cm
(139行)

32.5cm
(105行)

● 右前身片：用 3.25mm 棒针起 57 针，编织
20 行双罗纹花样，衣身编织 85 行平针，开始
收袖窿。

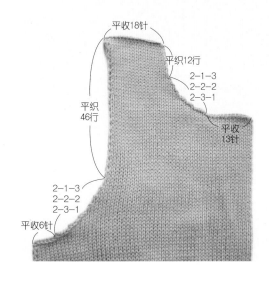

平收18针

平织12行

2-1-3
2-2-2
2-3-1

平织
46行

平收
13针

2-1-3
2-2-2
2-3-1

平收6针

□=□

后身片花样编织图

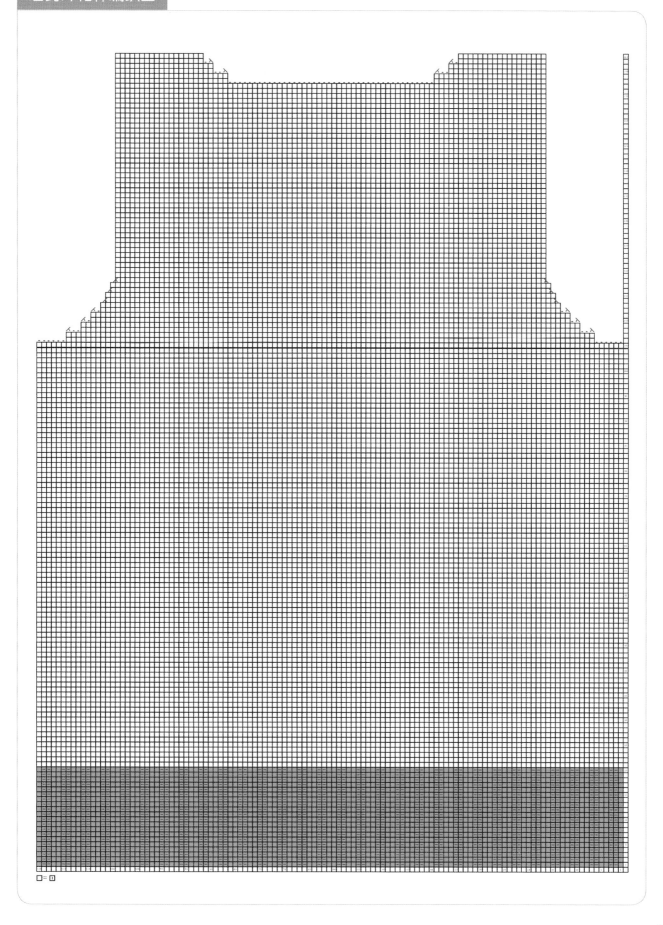

□ = □

肩18针

2cm(6行)

平收42针

18cm
(58行)

后 身 片

32.5cm
(105行)

120针(起针)

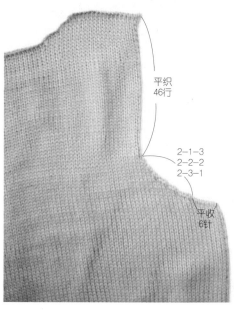

平织
46行

2-1-3
2-2-2
2-3-1

平收
6针

●后身片: 用3.25mm棒针起120针,
编织20行双罗纹花样,衣身编织85
行平针,开始收袖窿。

用机械边缝合　●机械边: 正反两面分别挑针。先在反面挑针,编织3行平针;接着在正面挑针,编织3行平针。
第4行,前后面的所有针1针对1针织并针。

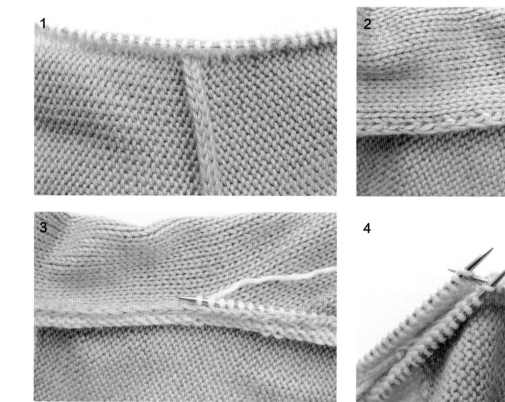

1

2

3

4

Lesson 9

花瓣育克小开衫

编织方法见

第 046 页

花瓣育克小开衫

材料：
中细棉线黄色 130g，扣子
6 枚

工具：
3.25mm 环形针、缝针

成品尺寸：
衣长 34.5cm、胸围 58cm、
肩袖长 35cm

编织密度：
单桂花针、花样编织、平针
编织 28 针 × 41 行 /10cm

编织方法：
● 育克、前后身片：整衣从领口起针往下织，用 3.25mm 环形针起 88 针，织 10 行单桂花针后，开始织花样；育克整圈共排 12 组花样，织 38 行花样后开始分前后身片、袖片，并织前后差。

● 分针：育克花样结束后的总针数为 208 针，其中，后身片 64 针，袖片各 36 针，前身片各 36 针。

● 注意：衣身前后差结束后，先挑织袖子，后挑织身片。

结构图

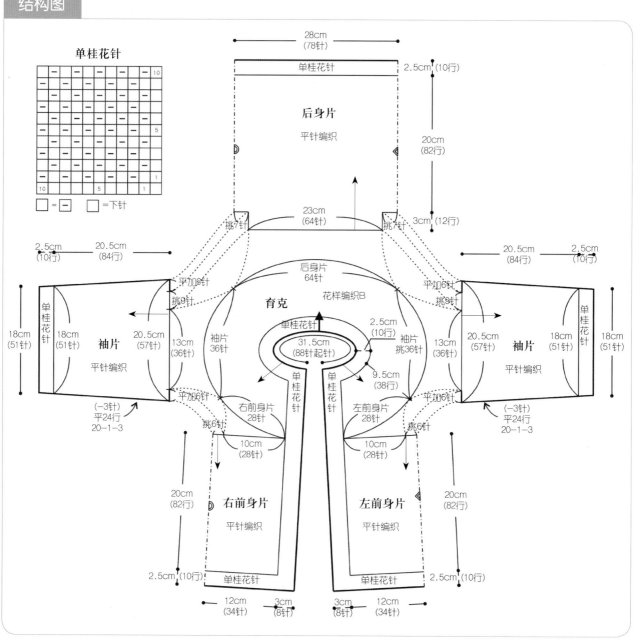

单桂花针

□ = — □ =下针

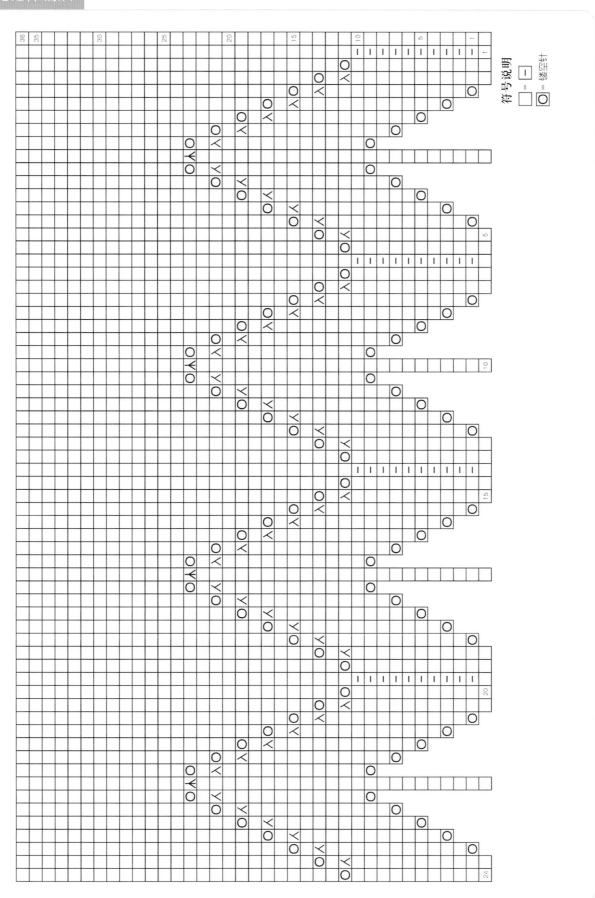

符号说明

镂空针 = □

□ = □

领口单桂花针

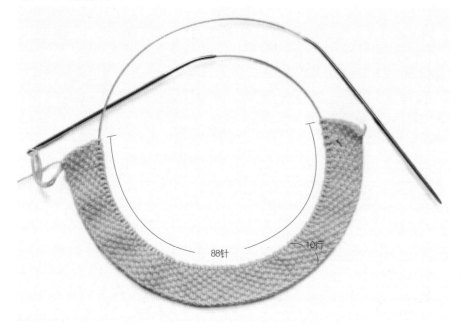

88针 10行

● 用 3.25mm 环形针起 88 针开始编织 10 行单桂花针。

育克花样编织

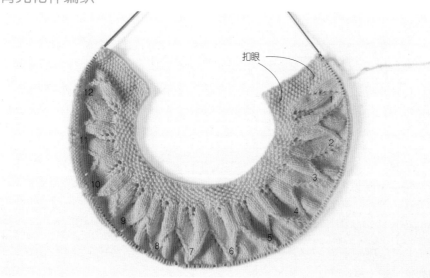

扣眼

12
11
10
9
8
2
3
4
5
6

● 育克花样编织 38 行，共 12 组花，左、右衣襟各 8 针单桂花针，在左侧单桂花针衣襟处隔 20 行开一个扣眼。

袖片、身片分针编织

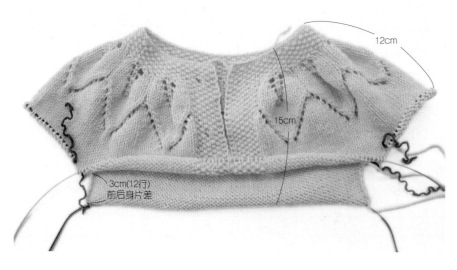

12cm

15cm

3cm(12行)
前后身片差

● 育克花样完成后，总针数为 208 针，织完 12cm 的育克长肩后开始分前后片，袖口的针数。
后片：64 针
前片：左右各 36 针
袖口：各 36 针

织袖片

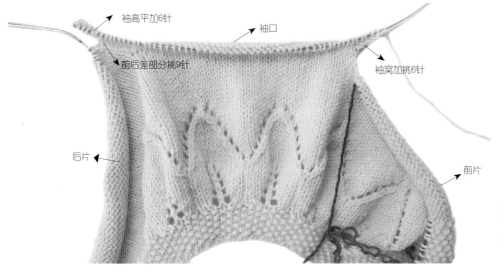

袖高平加6针
前后差部分挑9针
袖口
袖窝加挑6针
后片
前片

● 袖片从育克花样分 36 针，前后片落差部分挑 9 针，两端各平加 6 针，袖子总针数为 57 针。

袖片织完后

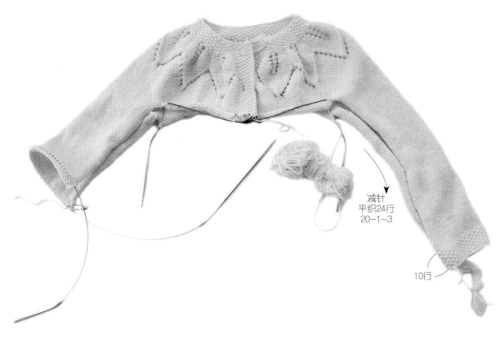

减针
平织24行
20-1-3

10行

● 袖片先平织 24 行，然后按 20 行减 1 针，重复进行 3 次，左、右两侧各减掉 3 针，余下 51 针织 10 行单桂花针后，平收结束袖片编织。

前片与后片合并在一根针上编织

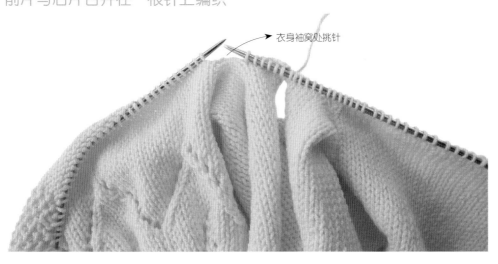

衣身袖窝处挑针

● 将身片按图解所示挑 7 针，并将前、后身片移至一根环形针上编织。

身片针数在一根针上的状态

身片总针数为162针

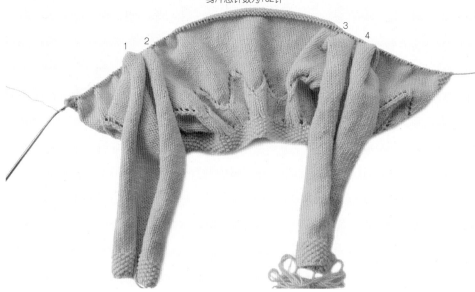

● 1、4处袖窝各挑6针，2、3处各挑7针，4处共挑26针，挑完以后，身片总针数为162针。

身片织完的状态

● 身片往下编织82行平针，再编织10行单桂花针，最后平收针结束身片编织。

缝合袖片

● 用缝针将袖侧缝缝合好。

缝钉纽扣

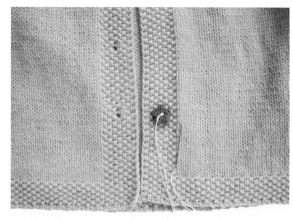

● 最后在扣眼对侧的衣襟对应位置钉上纽扣。

香芋淑女小开衫

编织方法见

第 053 页

香芋淑女小开衫

Lesson 10

香芋淑女小开衫

材料：

中细精纺棉线 香芋紫色
2 股 270g，纽扣 2 枚

工具：

3.0mm 棒针、3.75mm 环形针，缝针

成品尺寸：

衣长 37cm、胸围 72cm、
袖长 31cm、背肩宽 29cm

编织密度：

28 针 × 30 行 /10cm

编织方法：

● 后身片：用 3.75mm 环形针起 130 针，织 4 行上下针后，继续织 35 行平针；织至第 40 行中间 60 针 2 针并 1 针减掉 30 针，第 41 行中心开始织花样 A。

● 前身片：用 3.75mm 环形针起 55 针，织 4 行上下针后，其余织平针，门襟织花样 B。

● 袖片：用 3.75mm 环形针起 50 针，织 4 行上下针后，开始织 82 行平针，接着收袖山。

● 缝合：前后片侧缝、肩部、上袖子。

● 领口：用 3.0mm 环形针挑 102 针，织单罗纹针 3 行，平收针。

结构图

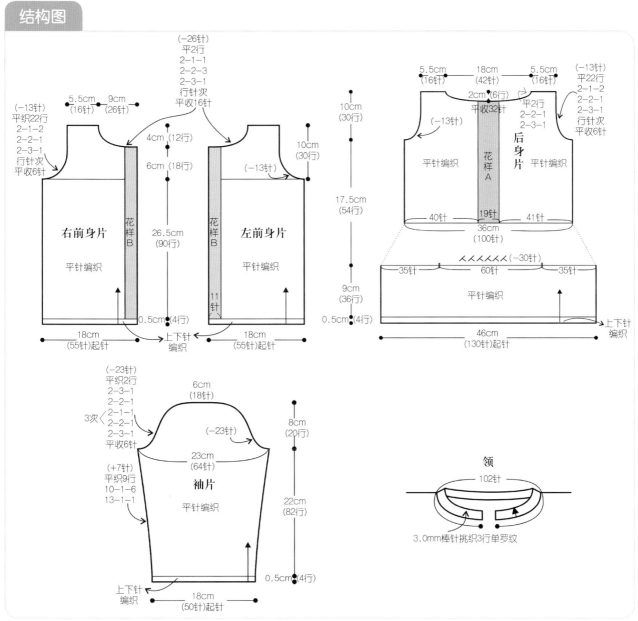

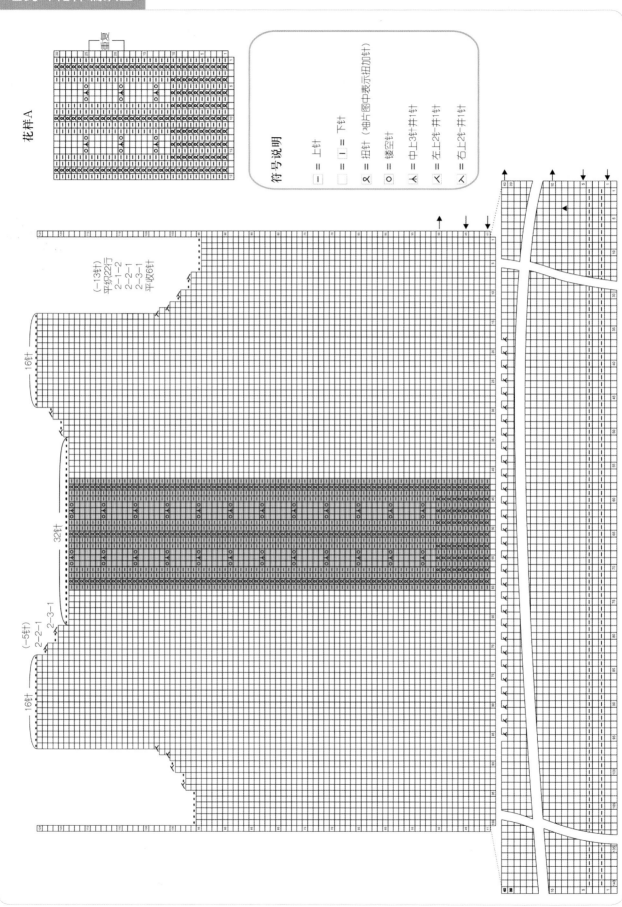

后身片花样编织图

花样A

符号说明

$-$ = 上针

$|$ = 下针

☐ = 扭针（袖片图中表示扭加针）

✕ = 镂空针

人 = 中上3针并1针

↖ = 左上2针并1针

人 = 右上2针并1针

（−13针）
平织22行
2-1-2
2-2-1
2-3-1
平收6针

16针

32针

（−5针）
2-2-1
2-3-1

16针

后身片示意图

2针并1针
共减掉30针

后身片起针

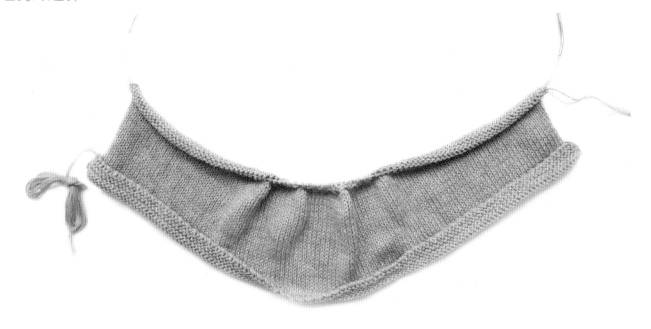

香芋淑女小开衫

右前身片花样编织图

香芋淑女小开衫

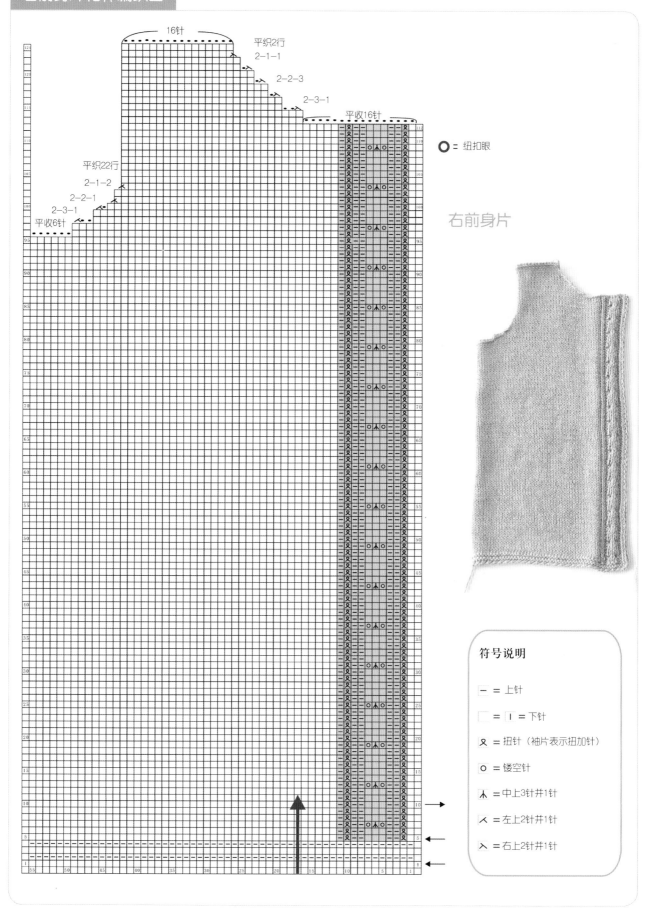

16针

平织2行
2-1-1

2-2-3

2-3-1

平收16针

平织22行
2-1-2

2-2-1

2-3-1

平收6针

O = 纽扣眼

右前身片

符号说明

− = 上针

□ = I = 下针

Ⴘ = 扭针（袖片表示扭加针）

O = 镂空针

⋏ = 中上3针并1针

ⴻ = 左上2针并1针

ⴽ = 右上2针并1针

■ = 钉纽扣位置

左前身片

花样B

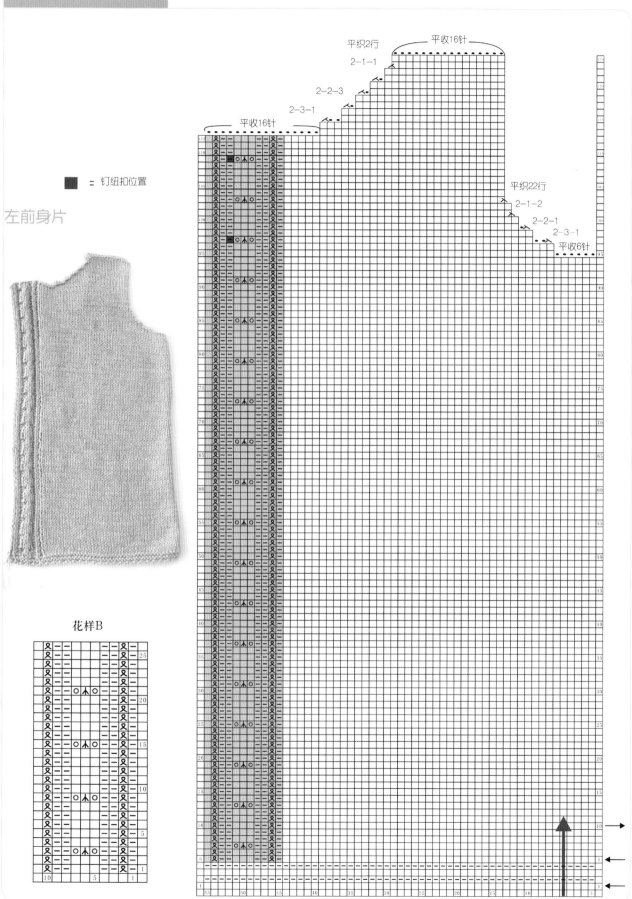

平收16针
平织2行
2-1-1
2-2-3
2-3-1
平收16针
平织22行
2-1-2
2-2-1
2-3-1
平收6针

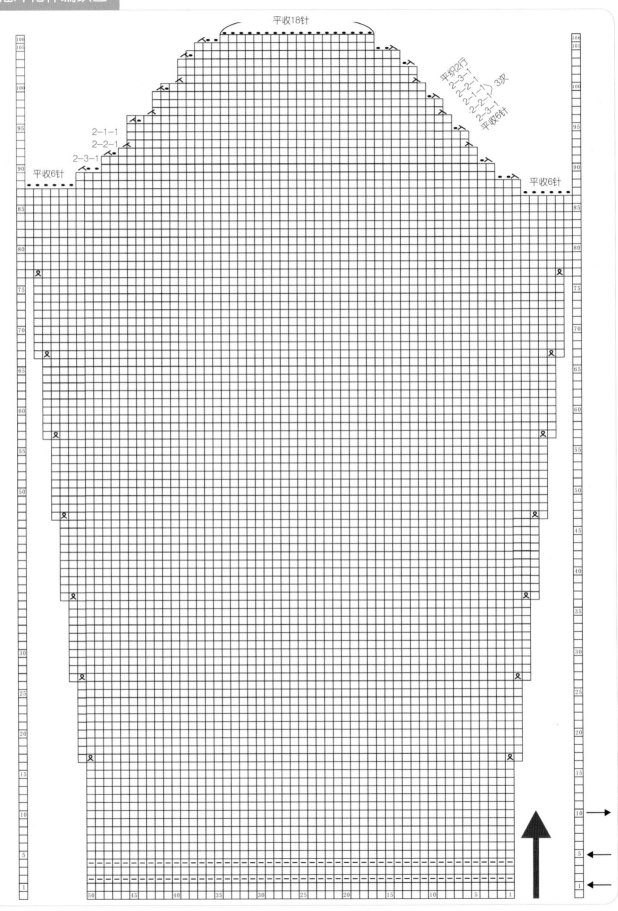

平收18针

平织2行
2-3-1
2-2-1
2-2-1 } 3次
2-2-1
2-3-1
平收6针

2-1-1
2-2-1
2-3-1

平收6针

平收6针

小红帽插肩毛衣

编织方法见

第 060 页

小红帽插肩毛衣

材料：
中细毛线浅绿色 350g，其他配色线各适量

工具：
3.0mm、3.25mm 环形针，缝针

成品尺寸：
衣长 43.5cm、胸围 82cm、肩袖长 53.5cm

编织密度：
29 针 ×40 行 /10cm

编织方法：
● 前后身片：分片织，用 3.25cm 环形针起 120 针，织 14 行单罗纹，衣身织平针 102 行，开始减袖窿。
● 袖片：用 3.25mm 环形针起 60 针，织单罗纹 14 行，其余织 136 行单桂花针，开始减袖山。
● 领子：用 3.0mm 环形针，挑 110 针，织 6 行单罗纹。
● 配色图案：在黄色织片内，按图解用十字绣绣出图案。

结构图

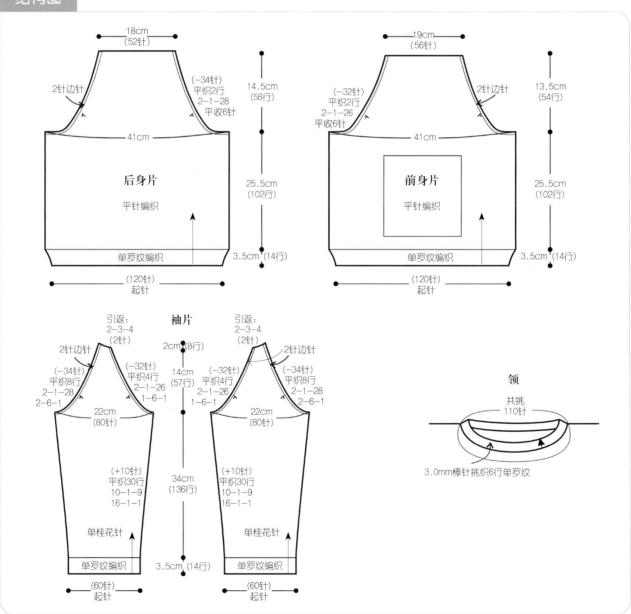

前身片插肩部分花样编织图

56针

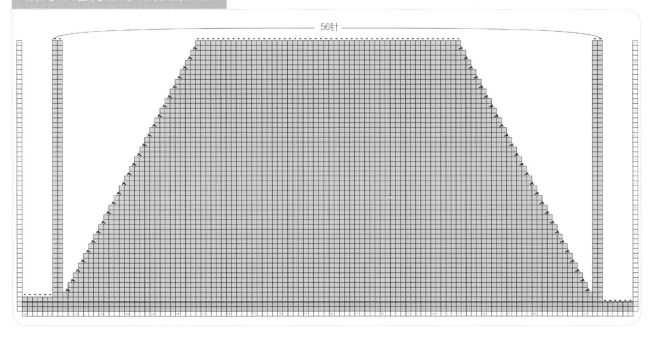

前身片十字绣图

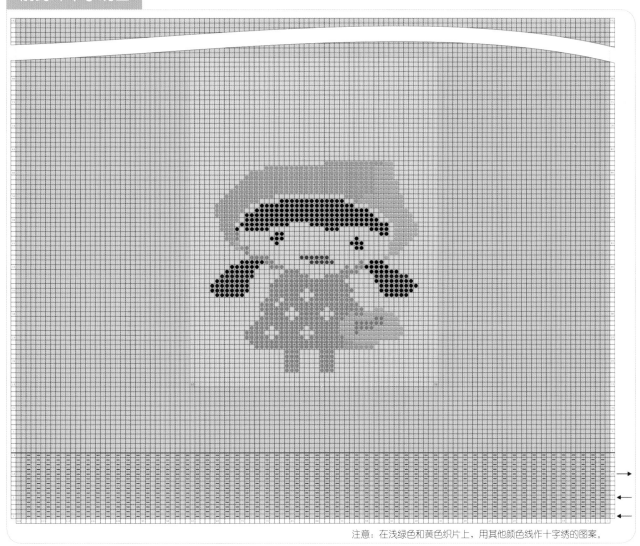

注意：在浅绿色和黄色织片上，用其他颜色线作十字绣的图案。

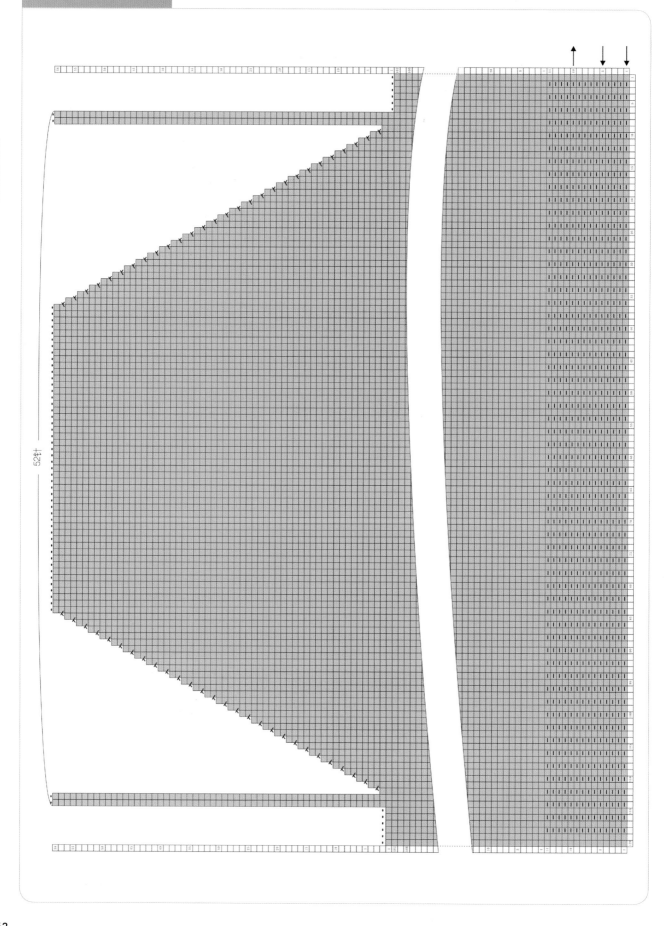

52针

右袖片花样编织图

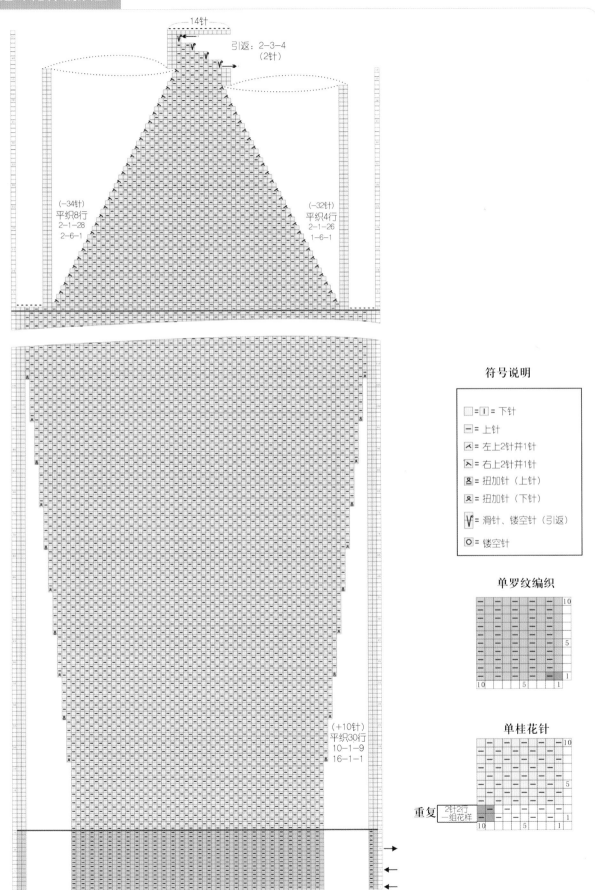

14针

引返：2-3-4
（2针）

（-34针）
平织8行
2-1-28
2-6-1

（-32针）
平织4行
2-1-26
1-6-1

（+10针）
平织30行
10-1-9
16-1-1

符号说明

☐=Ⅰ =	下针
⊟ =	上针
⋌ =	左上2针并1针
⋋ =	右上2针并1针
⋩ =	扭加针（上针）
⋨ =	扭加针（下针）
Ⅴ =	滑针、镂空针（引返）
O =	镂空针

单罗纹编织

单桂花针

重复　2针2行
　　　一组花样

左袖袖山花样编织图

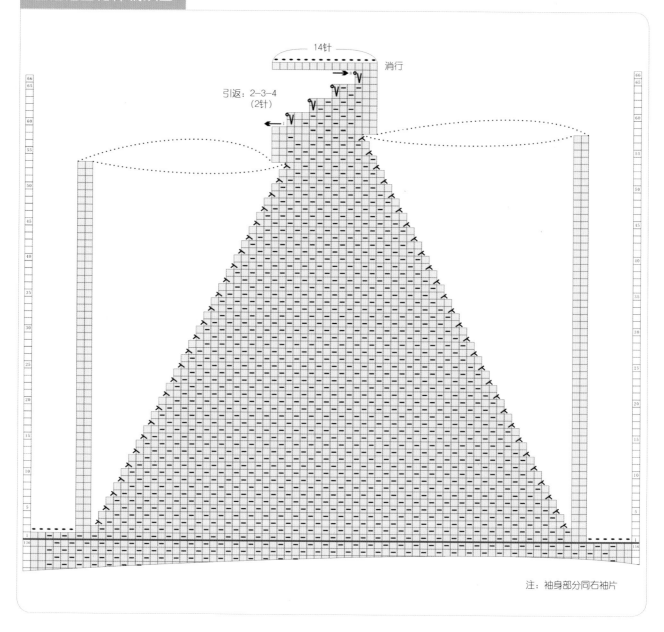

14针

消行

引返：2-3-4
（2针）

注：袖身部分同右袖片

挑领子

小院提花套头衫

编织方法见

第 067 页

小院提花套头衫

材料：
中细深紫色精纺棉纱线 2 股
275g，紫色、白色各适量
工具：
3.25mm、3.75mm 环形针
成品尺寸：
衣长 39cm、胸围 76cm 、
肩袖长 22cm
编织密度：
26 针 ×37 行 /10cm

编织方法：

- 前后身片：分片织，用 3.25mm 环形针起 100 针，底边织 4 行单罗纹，余下织平针；织至 31cm 的高度开始减袖窝。

- 袖片：用 3.25mm 环形针起 55 针，底边织 4 行单罗纹，余下织平针；提花结束后开始袖山减针。

- 领口：用 3.25mm 环形针挑 90 针，织 6 行单罗纹后平收针。

- 领片：用 3.75mm 环形针挑 90 针，织 30 行上下针后收针。

结构图

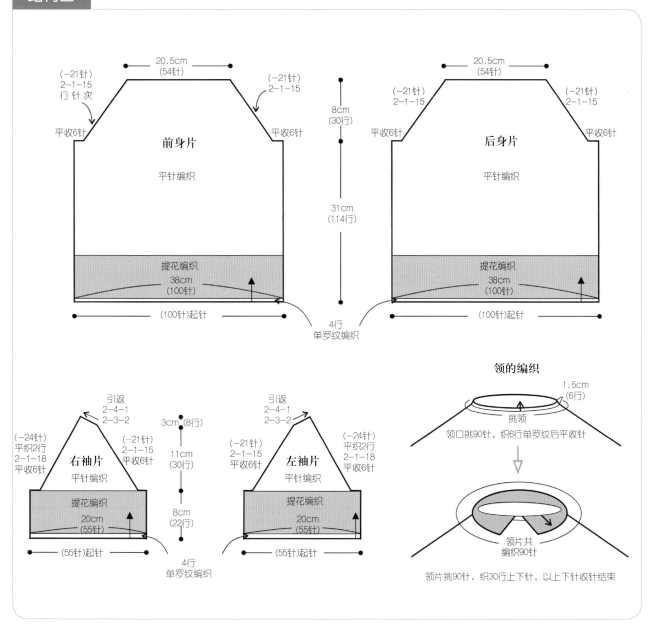

（−21针）
2-1-15
行 针 次

20.5cm
（54针）

（−21针）
2-1-15

平收6针

前身片

平针编织

8cm
（30行）

31cm
（114行）

提花编织
38cm
（100针）

平收6针

（100针）起针

20.5cm
（54针）

（−21针）
2-1-15

（−21针）
2-1-15

平收6针

后身片

平针编织

提花编织
38cm
（100针）

平收6针

（100针）起针

4行
单罗纹编织

引返
2-4-1
2-3-2

3cm（8行）

（−24针）
平织2行
2-1-18
平收6针

（−21针）
2-1-15
平收6针

右袖片

平针编织

提花编织
20cm
（55针）

11cm
（30行）

8cm
（22行）

（55针）起针

4行
单罗纹编织

引返
2-4-1
2-3-2

（−21针）
2-1-15
平收6针

（−24针）
平织2行
2-1-18
平收6针

左袖片

平针编织

提花编织
20cm
（55针）

（55针）起针

领的编织

1.5cm
（6行）

挑领

领口挑90针，织6行单罗纹后平收针

领片共
编织90针

领片挑90针，织30行上下针，以上下针收针结束

前后片花样编织图

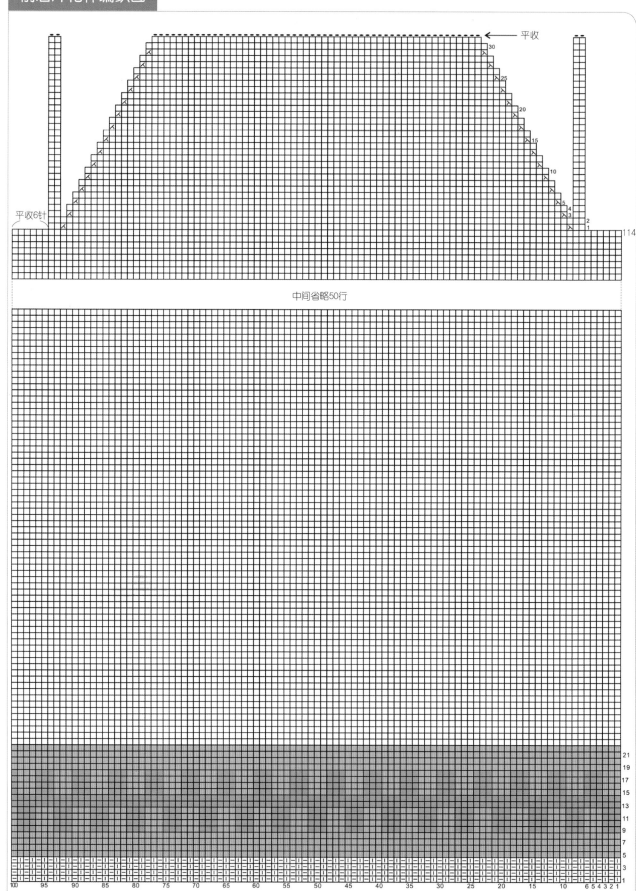

平收

平收6针

中间省略50行

前、后身片示意图

共减21针
2-1-15
行 针 次

平收6针

18行
提花

4行
单罗纹

提花编织

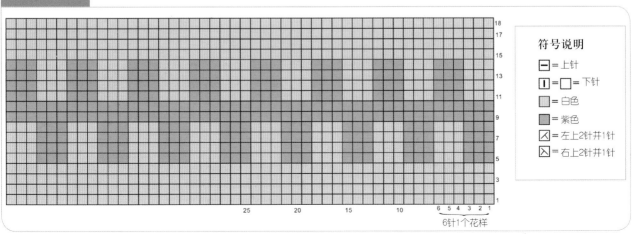

符号说明

− = 上针

┃ = □ = 下针

▨ = 白色

▨ = 紫色

╱ = 左上2针并1针

╲ = 右上2针并1针

6针1个花样

袖片花样编织图

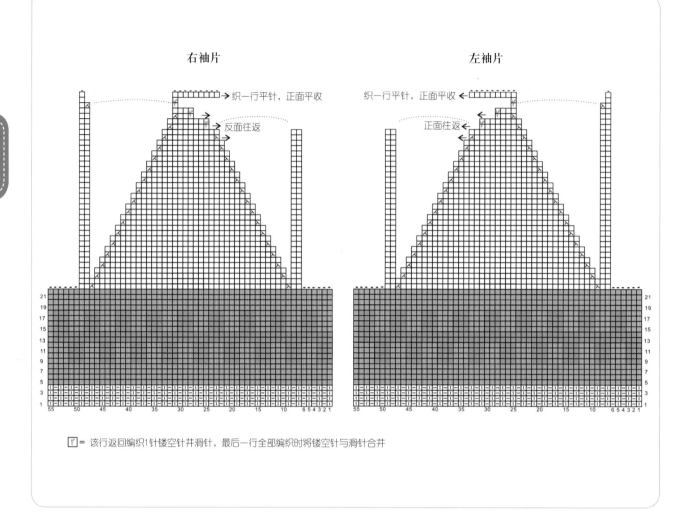

右袖片

左袖片

→ 织一行平针，正面平收

织一行平针，正面平收 ←

→ 反面往返

正面往返 ←

21 19 17 15 13 11 9 7 5 3 1

55 50 45 40 35 30 25 20 15 10 6 5 4 3 2 1

21 19 17 15 13 11 9 7 5 3 1

55 50 45 40 35 30 25 20 15 10 6 5 4 3 2 1

Ⓨ = 该行返回编织1针镂空针并滑针，最后一行全部编织时将镂空针与滑针合并

挑领织片

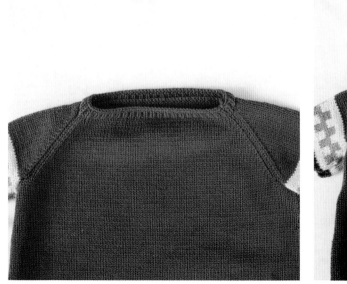

领的收针方法

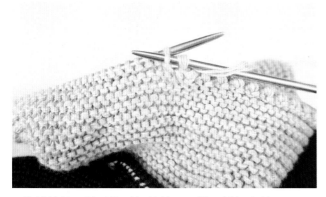

1 将线从第一针后绕到织片前面，第二针织上针。

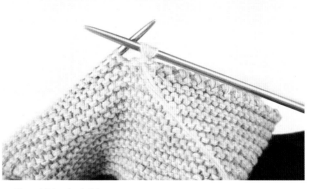

2 第二针织完上针。

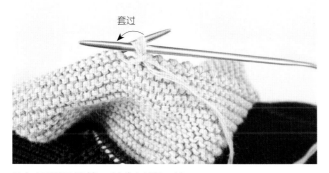

套过

3 如图所示挑第一针套过第二针。

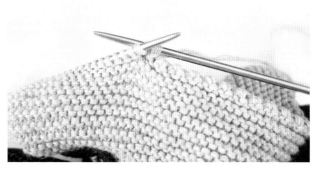

4 接着把线放到套完的这第一针后面，继续织下针。

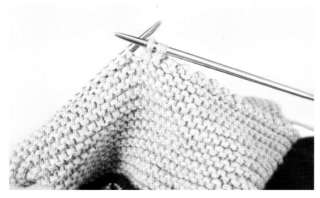

5 下针织完，现在针上有 2 针。

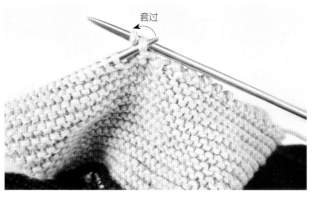

套过

6 如图所示继续套收一针。

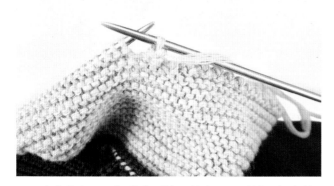

7 再次套收完后，把线放到第一针之后，继续重复之前的步骤。

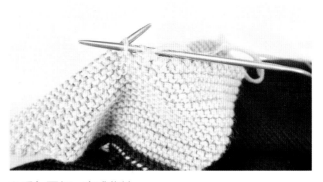

8 重复要领，完成收针。

小院提花套头衫

唯美镂空围巾

编织方法见

第 073 页

唯美镂空围巾

材料：
中细段染马海毛线 120g
工具：
3.75mm 环形针
成品尺寸：
围巾长 147cm、宽 44.5cm
编织密度：
27 针 ×20 行 /10cm

编织方法：

● 围巾：用 3.75mm 环形针起 120 针，编织 4 行上下针后，开始织花样，共排 7 组花，6 组 17 针的花，1 组 18 针的花。共编织 294 行，围巾长度为 147cm，最后一行平收针。

结构图

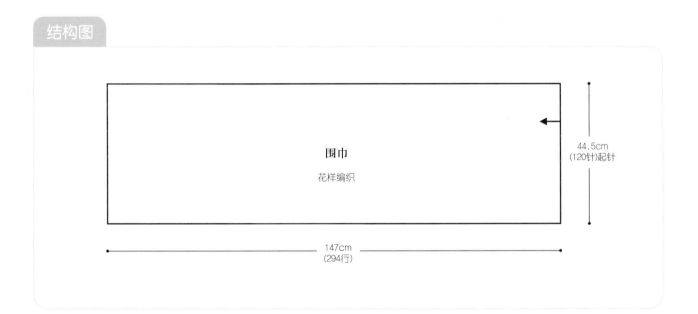

围巾
花样编织

44.5cm
(120针)起针

147cm
(294行)

花样编织图

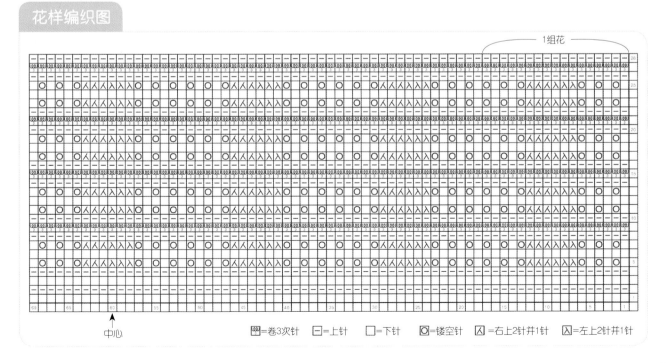

1组花

中心

=卷3次针　　=上针　　=下针　　=镂空针　　=右上2针并1针　　=左上2针并1针

● 用3.75mm 环形针起 120 针。

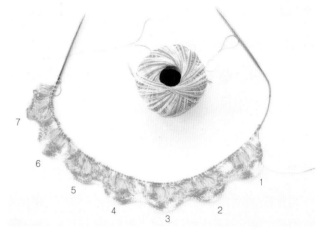

● 编织 4 行上下针后，开始织花样，共 7 组花。

● 图为编织了 28 行的状态。

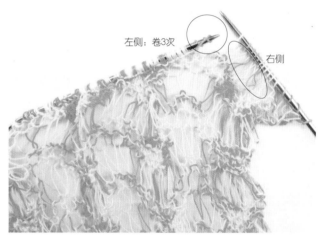

左侧：卷3次　右侧

● 图片左侧为卷 3 次的状态，右侧为放掉线后变长的状态。

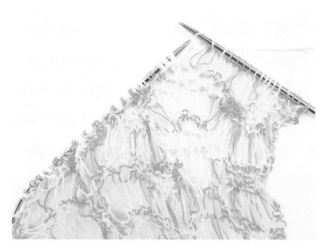

● 继续如图所示编织。

● 图为围巾编织完成的状态。

荷叶花边披肩

编织方法见

第 077 页

荷叶花边披肩

材料：
亮片马海毛线黄灰色 500g

工具：
3.0mm 环形针、缝针

成品尺寸：
披肩长 178.5cm、 宽 85cm

编织密度：
上下针编织 21 针 ×36 行 /10cm

编织方法：

● 三角主体：用 3.0mm 环形针起 3 针，左侧单边加针，2-1-150；加针结束后，开始减针，2-1-150；直至最后剩下 3 针，三角部分结束。

● 花边：用 3.0mm 环形针起 12 针，每 2 行织一个 6 针的引返；每个洞眼织 4 行；边织边与三角主体缝合。

结构图

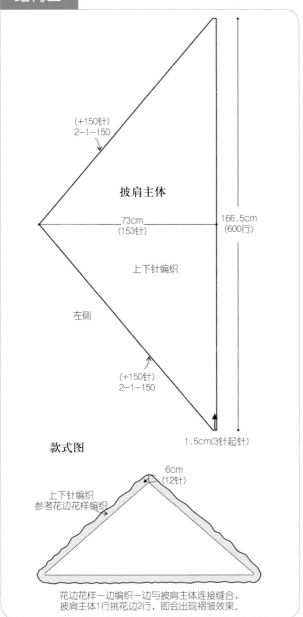

披肩主体

(+150针)
2-1-150

73cm
(153针)

166.5cm
(600行)

上下针编织

左侧

(+150针)
2-1-150

1.5cm(3针起针)

款式图

6cm
(12针)

上下针编织
参考花边花样编织

花边花样一边编织一边与披肩主体连接缝合，
披肩主体1行挑花边2行，即会出现褶皱效果。

披肩减针花样

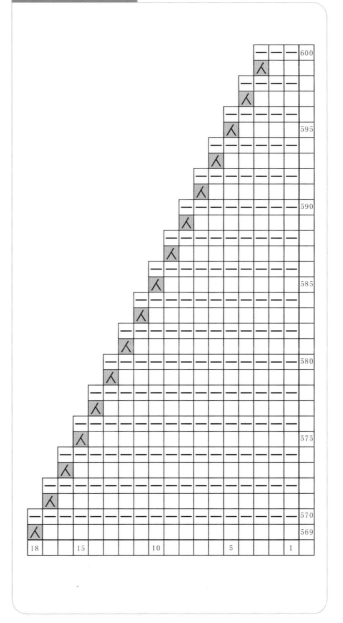

荷叶花边披肩

花边编织花样

披肩加针花样

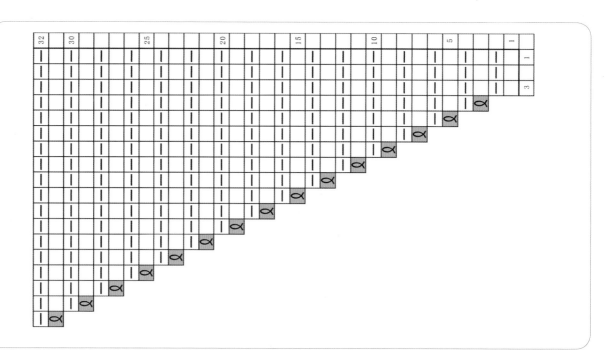

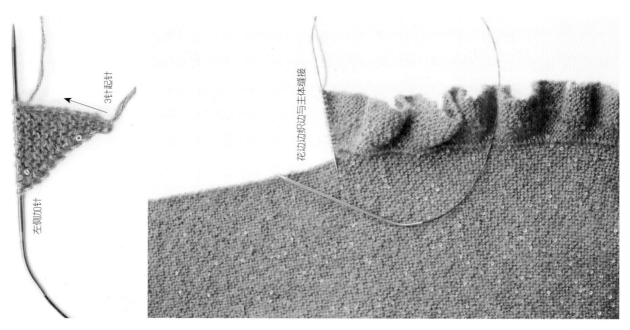

3针起针

左侧加针

花边纺织边与主体缝接

罗纹领口小披肩

编织方法见

第080页

罗纹领口小披肩

材料：
中粗棉线浅草绿色 185g、纽扣 2 枚
工具：
3.9mm、4.2mm、4.5mm 棒针，
6/0 号钩针
成品尺寸：
披肩下摆围 126.5cm、
长 30.5cm
编织密度：
20.5 针 ×23.5 行 /10cm

编织方法：

● 花样编织：用 4.5mm 棒针起 37 针开始编织。先织 6 行上下针，第 7 行处扭针加针 4 针，共 4 针，开始织花样，织 288 行时开始减 4 针，减至 37 针，最后织 6 行上下针，平收结束。

● 双罗纹编织：用 4.5mm 棒针挑 180 针织 10 行，换 4.2mm 棒针织 8 行，再换 3.9mm 棒针织 6 行结束。

● 缘编织：用 6/0 号钩针钩织缘编织及扣眼。

结构图

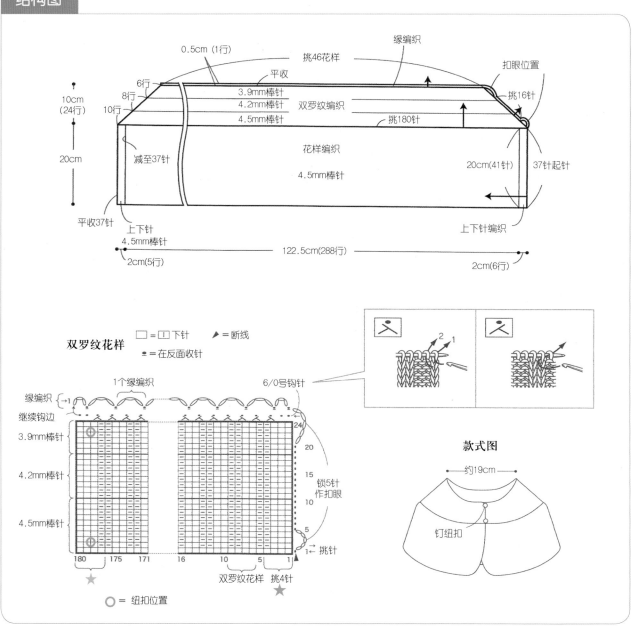

款式图

约19cm

钉纽扣

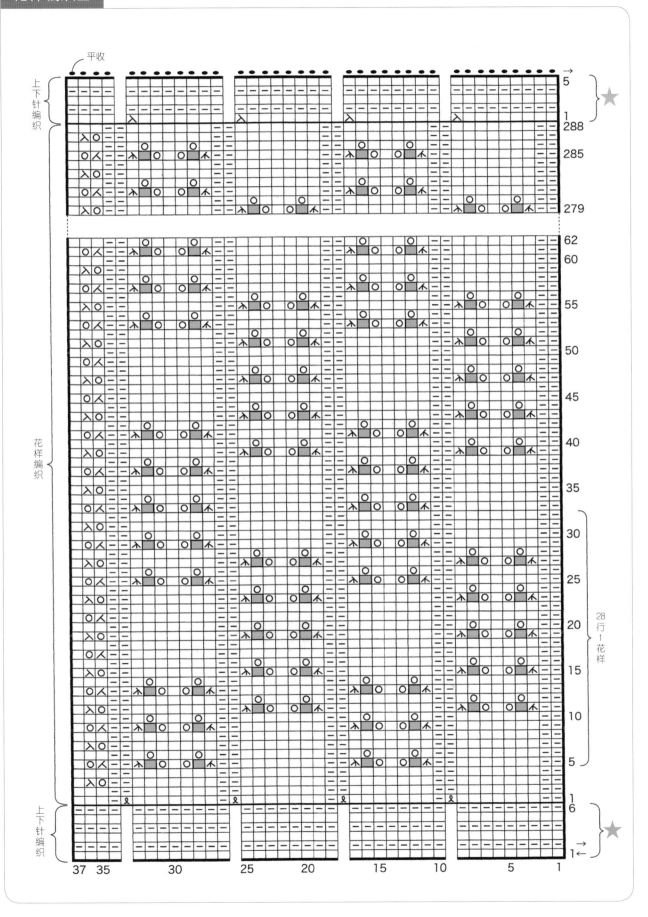

Lesson 16

V 领吊带背心

编织方法见

第 083 页

V 领吊带背心

材料：
中细亮片马海毛一股 黄灰色 235g，
松紧带 1 根

工具：
3.25mm 棒针、缝针

成品尺寸：
衣长 73cm、胸围 104cm 、
吊带长 30cm

编织密度：
25 针 ×26 行 /10cm

编织方法：

● 后身片：别线起针，用 3.25mm 棒针起 130 针，织 12 行平针，第 13 行织上针，再往上织 11 行平针，把别线拆掉，将线圈用棒针穿起来，把底边对折，2 根棒针上的针数 1 针对 1 针并织，形成双层底边，底边织好后继续往上织平针到 100 行后开始袖窿减针。

● 前身片：与后片起针方法相同，起 134 针织好底边往上继续织到 100 行后，开始减袖窿。114 行后开始 V 领减针。

● 吊带：前身片所有针数减完，左、右两侧各剩下 9 针织麻花吊带，织到所需长度 30cm，顶端与后片缝合处缝合。最后底边装上松紧带，衣服完成。

结构图

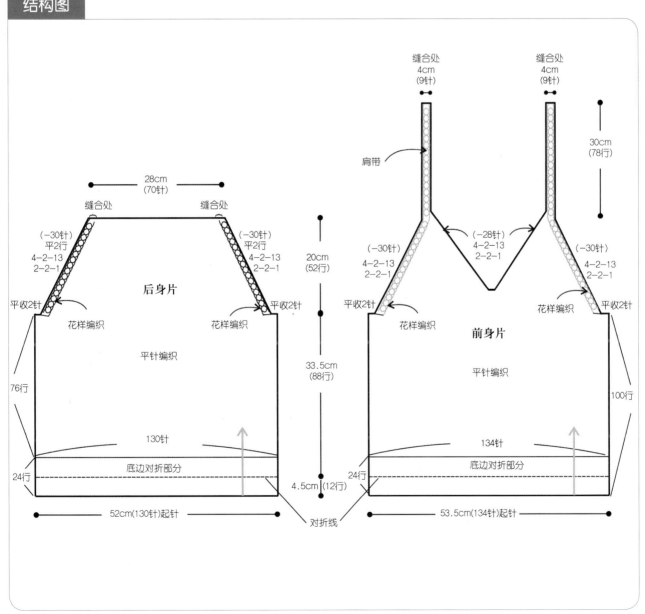

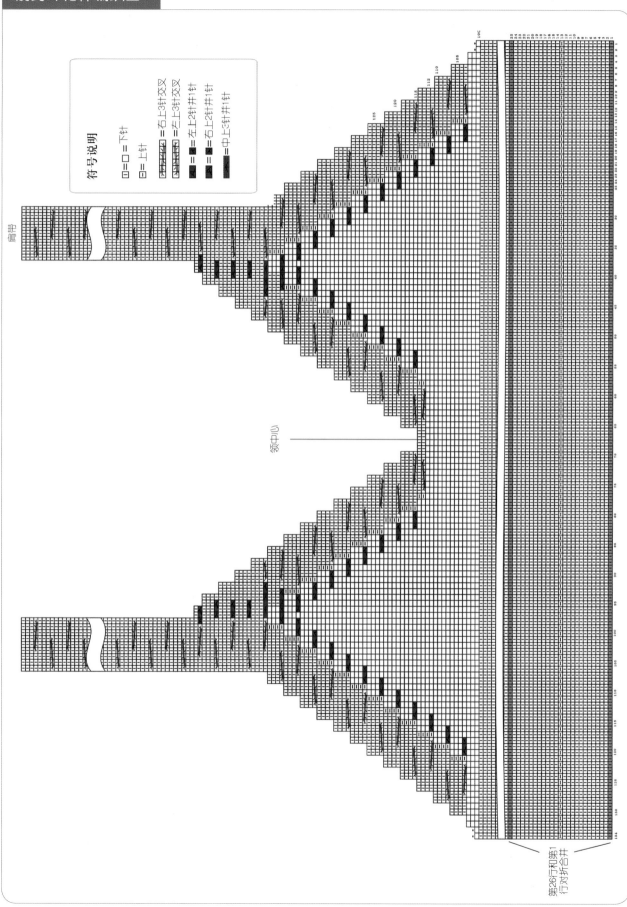

前身片花样编织图

符号说明

□=□= 下针
⊟= 上针
= 右上3针交叉
= 左上3针交叉
■= 左上2针并1针
■= 右上2针并1针

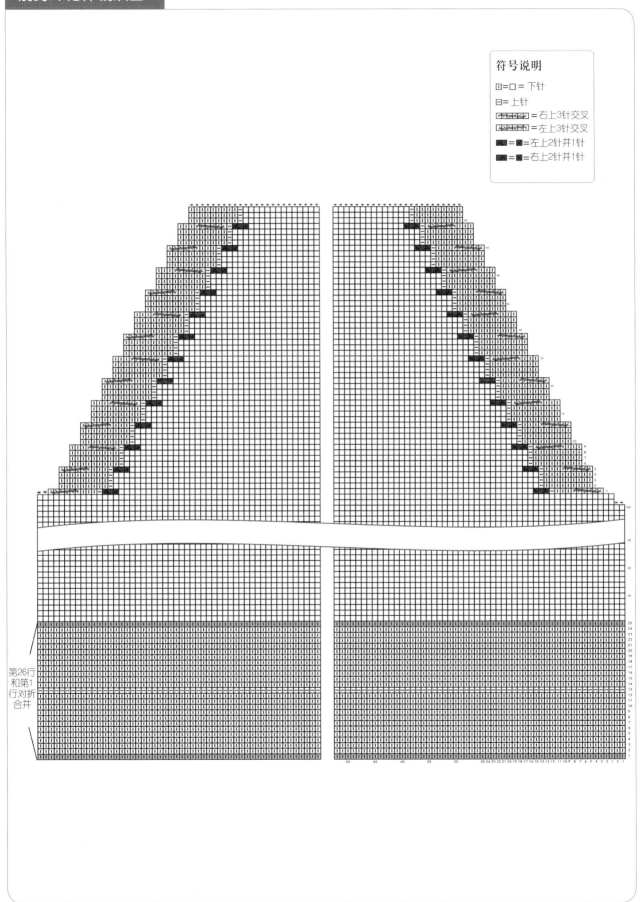

第26行
和第1
行对折
合并

波浪衣摆套头衫

编织方法见

第087页

波浪衣摆套头衫

材料：
中细棉线蓝色 500g

工具：
3.0mm、3.25mm 环形针，缝针

成品尺寸：
衣长 58cm、胸围 121cm、
背肩宽 60.5cm、袖长 43cm

编织密度：
27 针 × 36 行 /10cm

编织方法：

● 前、后身片：分开片织，用 3.25mm 环形针起 164 针，排 5 组波浪花样，织 34 行后全织下针。

● 袖片：用 3.25mm 环形针起 70 针，片织单罗纹 20 行，然后全织下针。

● 领口：用 3.0mm 环形针挑 150 针，圈织 10 行单罗纹。

结构图

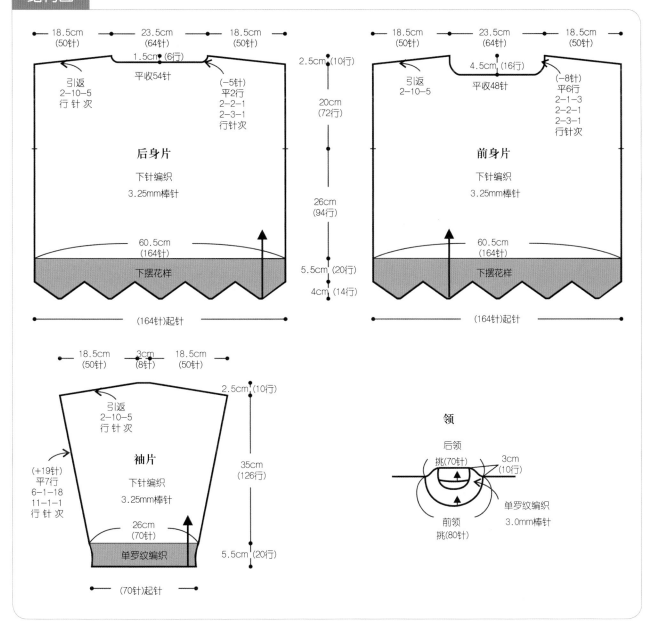

起针

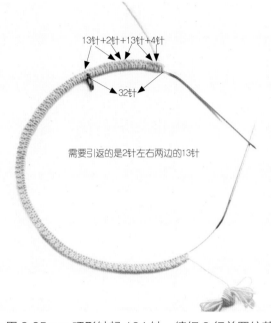

13针+2针+13针+4针

32针

需要引返的是2针左右两边的13针

- 用3.25mm 环形针起 164 针，编织 2 行单罗纹花样后，开始织第一组波浪花，一组波浪花的针数为 32 针。

开始编织下摆

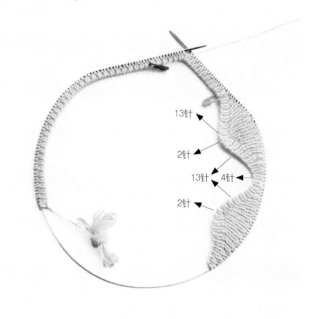

13针

2针

13针　4针

2针

- 2 针处和 4 针处不引返，两个 13 针引返，13 针的引返方法：2-2-5、2-3-1。

　　　行针次　行针次

下摆花样完成

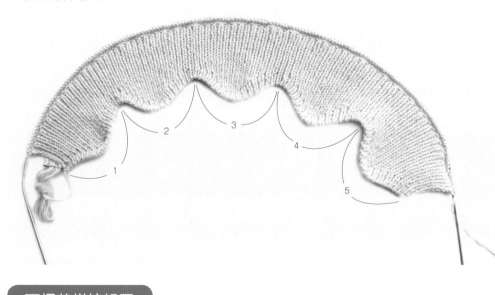

2

3

4

1

5

- 5 组波浪花样引返结束后，继续编织 18 行单罗纹，1 行下针、1 行上针，下摆花样共编织 34 行。

下摆花样编织图

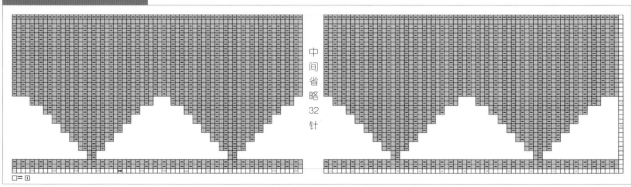

中间省略32针

□=□

前身片花样编织图

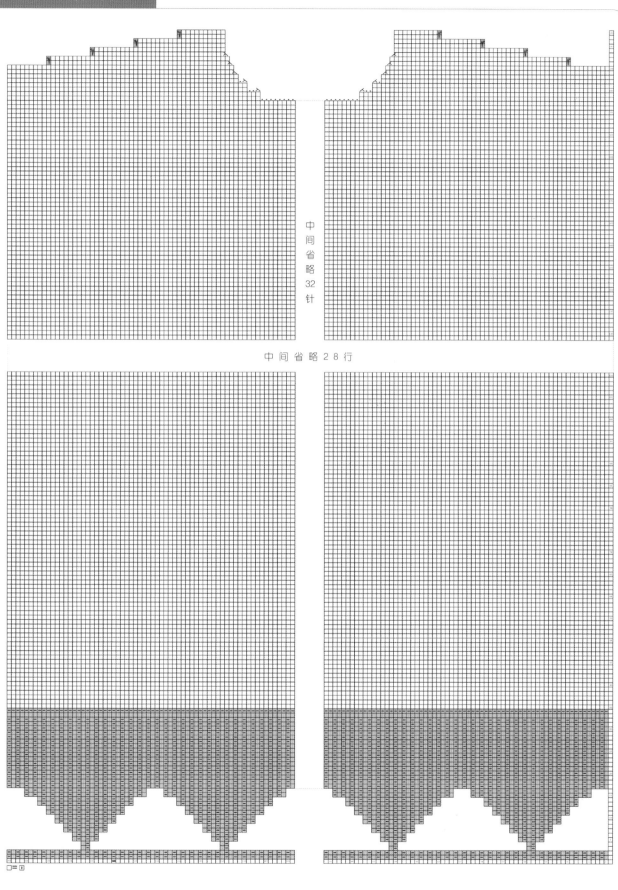

中间省略32针

中间省略28行

□＝□

波浪衣摆套头衫

后身片花样编织图

波浪衣摆套头衫

前身片示意图

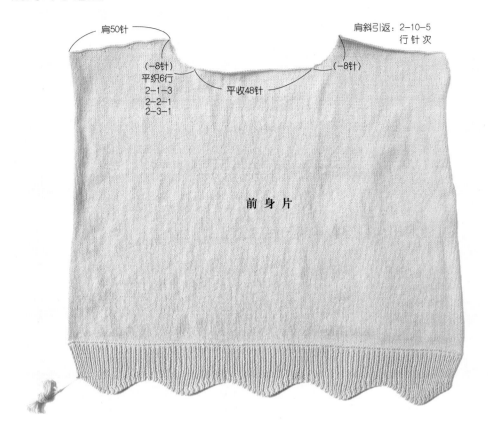

肩50针

肩斜引返：2-10-5
行 针 次

（-8针）
平织6行
2-1-3
2-2-1
2-3-1

平收48针

（-8针）

前 身 片

● 前身片：用3.25mm
环形针起164针织34
行下摆花样，继续织
166行平针，左右肩斜
按每2行引返10针的
规律，引返5次，前领
口中间平收48针，领口
两侧各减8针，分别按
2行减3针进行1次，
2行减2针进行1次，2
行减1针进行3次，最
后平织6行。

波浪衣摆套头衫

后身片示意图

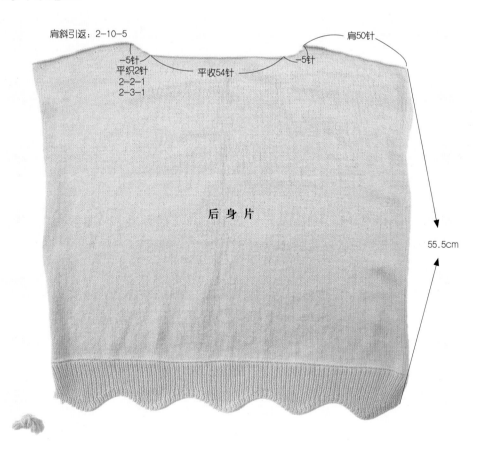

肩斜引返：2-10-5

肩50针

-5针
平织2针
2-2-1
2-3-1

平收54针

-5针

后 身 片

55.5cm

● 后身片：用3.25mm
环形针起164针织34
行下摆花样，继续织
166行平针，左右肩斜
按每2行引返10针的
规律，引返5次，后领
口中间平收54针，领口
两侧各减5针，分别按
每2行减3针进行1次，
每2行减1针进行1次，
最后平织2针。

袖片

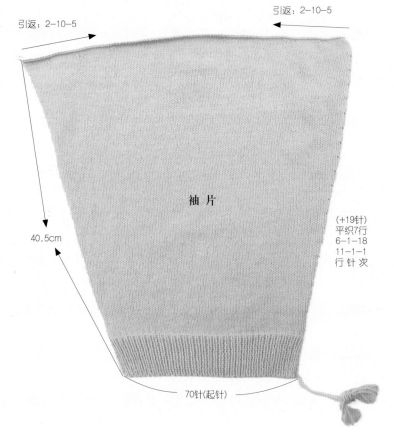

引返：2-10-5

引返：2-10-5

40.5cm

袖 片

(+19针)
平织7行
6-1-18
11-1-1
行 针 次

70针(起针)

波浪衣摆套头衫

● 用 3.25mm 环形针起 70 针，编织 20 行单罗纹花样后；再继续编织平针，第 31 行处，开始加针，分别按 11 行加 1 针进行 1 次，每 6 行加 1 针进行 18 次，最后平织 7 行，开始两侧做引返编织。

袖片花样编织图

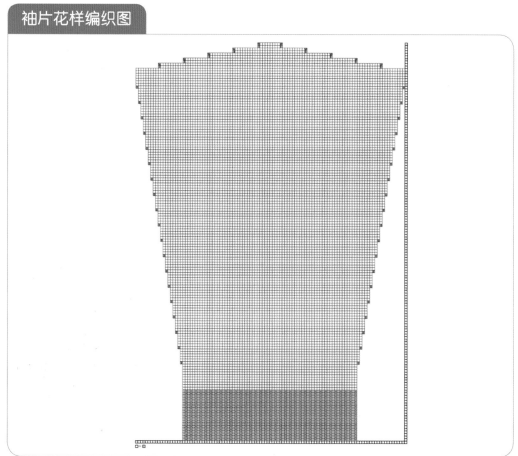

袖片加针

袖侧缝加针花样图

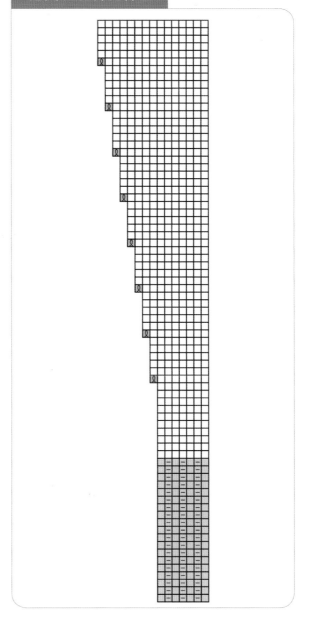

缝合袖片

● 将袖片左、右两侧的加针位置对齐缝合。

挑领

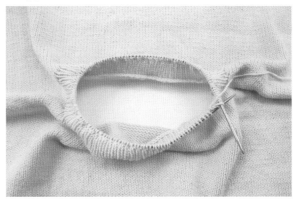

● 换 3.0mm 环形针，挑一圈织领子，前片部分挑
80 针，后片挑 70 针，共挑 150 针，织 10 行单罗
纹后收针结束。

Lesson 18

蓝色破洞毛衣

编织方法见

第 096 页

蓝色破洞毛衣

材料：
中细羊毛线 蓝色 500g

工具：
3.25mm 环形针、缝针

成品尺寸：
衣长 59cm、胸围 112cm、
背肩宽 56cm、袖长 38cm

编织密度：
27 针 × 40 行 /10cm

编织方法：
● 前后身片：分片织，起 150 针，织 5 行平针，3 行上下针，余下织 222 行开始引返编织肩斜，前领于 207 行开始收，后领于 222 行开始收。
● 破洞花样：先平收 12 针，然后在下一行又平加 12 针，织 4 行平收针，继续平收 12 针，重复步骤。
● 袖片：起 110 针，织 5 行平针，3 行上下针，余下部分织花样。
● 领口：挑 104 针圈织，先织 3 行上下针，然后织 8 行平针。

结构图

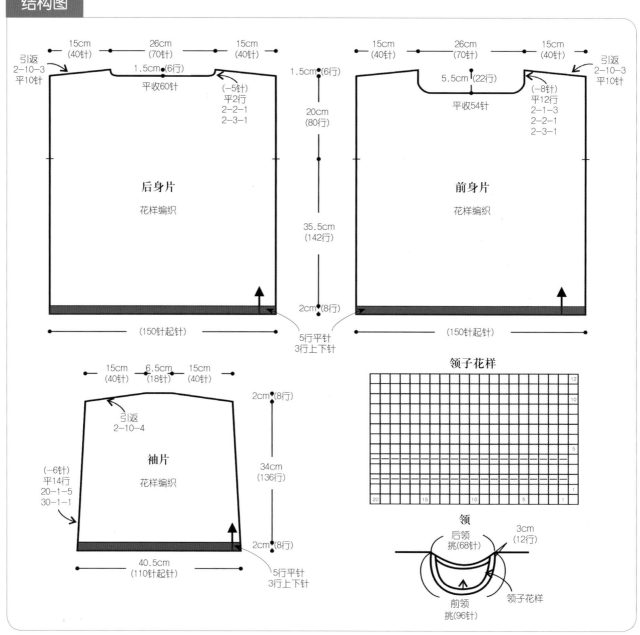

前身片示意图

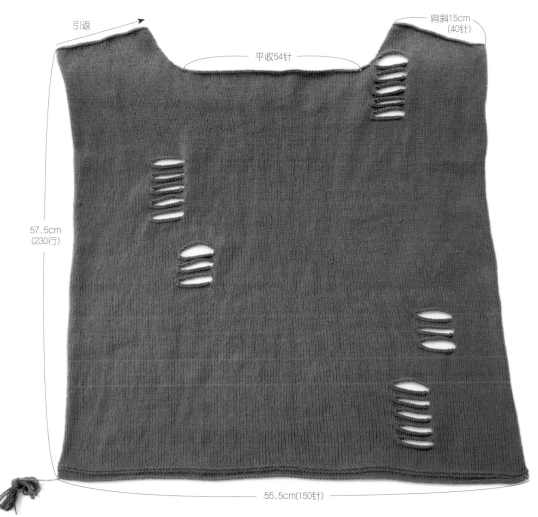

引返

肩斜15cm
(40针)

平收54针

57.5cm
(230行)

55.5cm(150针)

破洞花样编织图

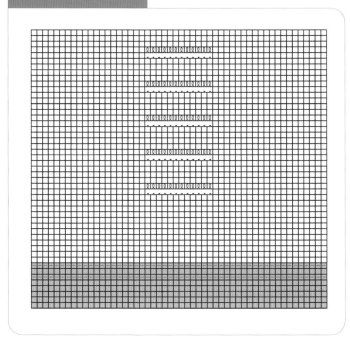

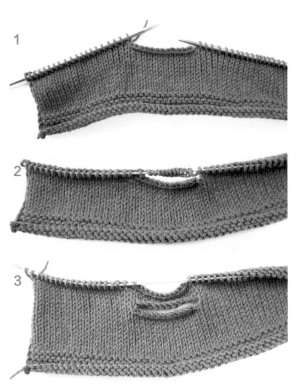

1

2

3

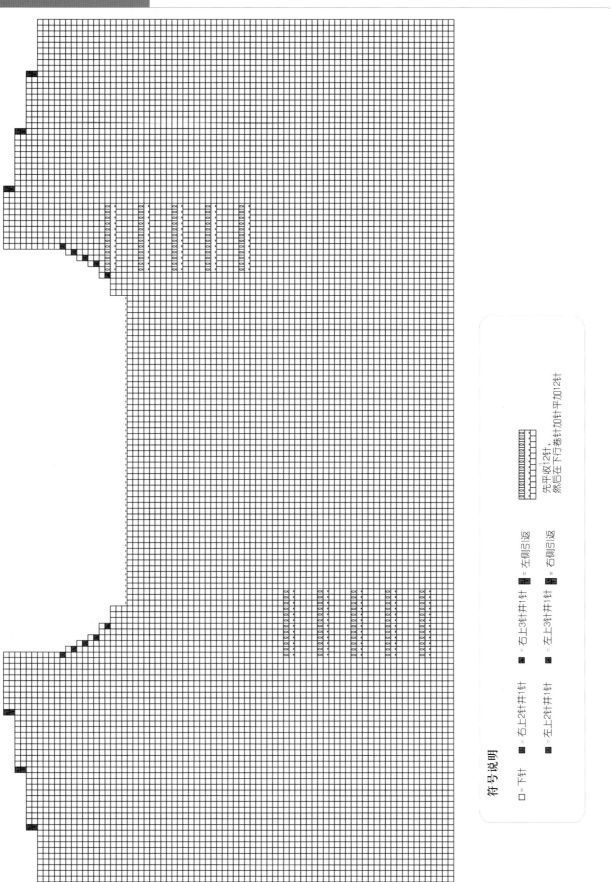

Lesson 18

蓝色破洞毛衣

符号说明

□=下针　■=右上2针并1针　■=右上3针并1针　■=左侧引返

　　　■=左上2针并1针　■=左上3针并1针　■=右侧引返

先平收12针，
然后在下行卷针加针平加12针

后身片花样编织图

Lesson 18

蓝色破洞毛衣

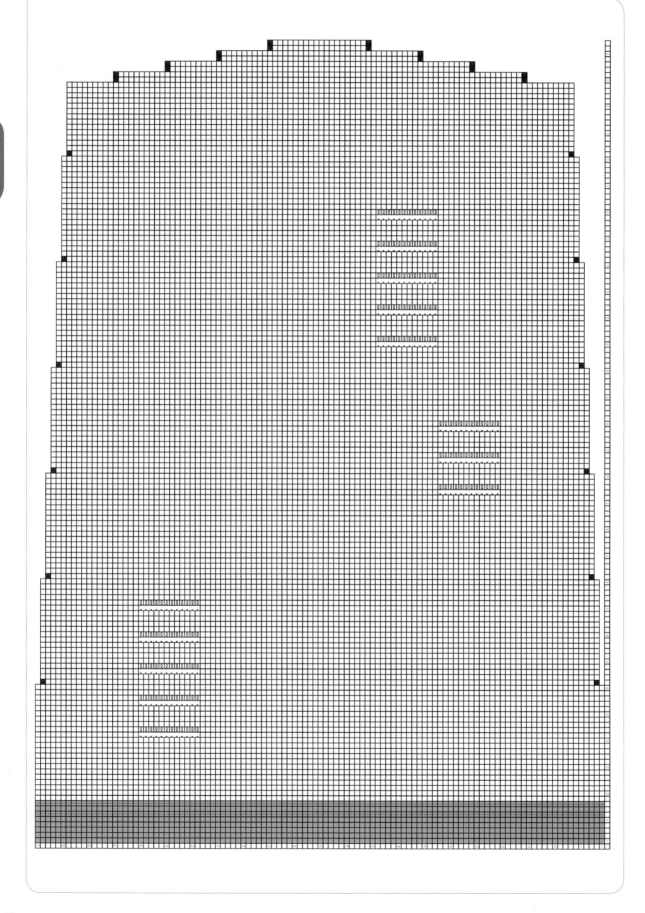

蓝调短袖衫

编织方法见

第 103 页

蓝调短袖衫

材料:
中细冰丝棉线浅蓝色3股390g,
纽扣2枚

工具:
2.75mm、3.0mm、
3.25mm 环形针,缝针

成品尺寸:
衣长65.5cm、胸围92cm、
肩袖长18mm

编织密度:
28针×30行/10cm

编织方法:

● 前后身片:分片织,用3.25mm 环形针起130针,织20行花 A 后,织114行平针。别线挑袖口,同时插肩处开始减针,前领开领口织花样。

● 袖片:袖窿平收6针后,两个袖口别线各挑78针。袖口用3.0cm 环形针从拆掉的别线中挑78针织6行扭针单罗纹。

● 缝合:前后身片的侧缝。

● 领口:2.75mm 环形针挑150针,织扭针单罗纹6行。

● 饰带:用3.25mm 棒针起5针,不翻面,一个方向织平针。

结构图

袖片:别线挑78针与前后身片一起往上圈织

引返
2-10-4
(平10针)

3.0mm棒针
扭针
单罗纹

(-27针)
平织10行
2-1-26
1-1-1

(6行)

21cm
(63行)

27.5cm
78针

27.5cm
78针

圈236针

● = 平收6针

4行上下针

28针

前、后身片

3.25mm棒针

平针编织

38cm
(114行)

花样A

6.5cm (20行)

46cm
(130针)起针

领

2.75mm棒针
挑(150针)

2cm(6行)

扭针单罗纹

扭针单罗纹　上下针　平针

花样A

5针2行
一组花样

饰带

2cm (5针)

不翻面平针编织

3.25mm棒针

178cm
(534行)

符号说明

－ = 上针

□ = I = 下针

✕ = 左上1针交叉

103

前身片花样编织图

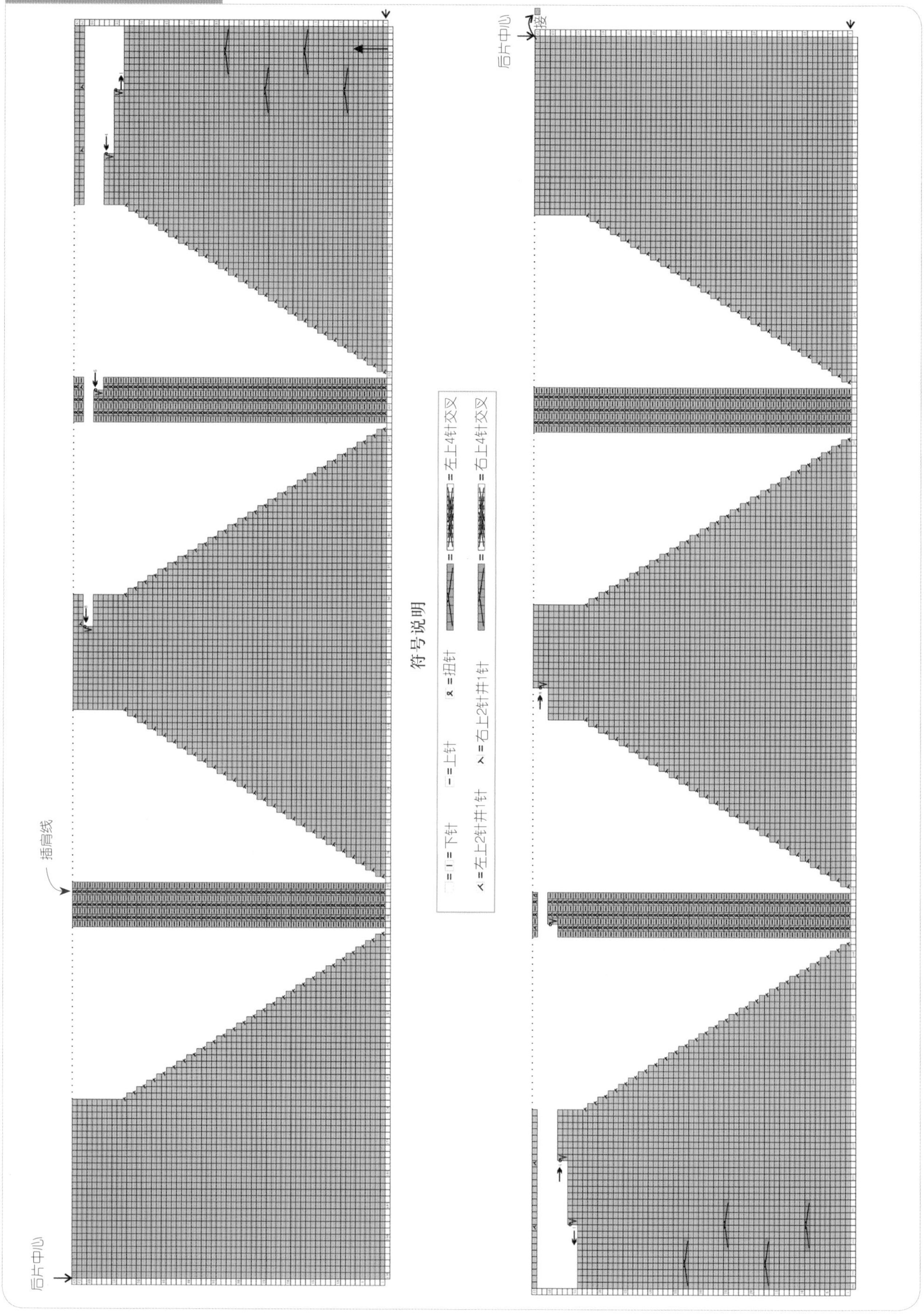

后片中心

插肩线

后片中心

符号说明

□=|=下针	ᠪ=扭针
—=上针	
人=左上2针并1针	人=右上2针并1针

	=左上4针交叉
	=右上4针交叉

Lesson 19

蓝调短袖衫

104

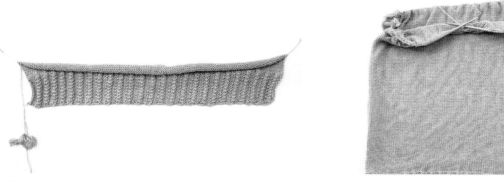

袖口用别线挑针
（挑78针）

1 前、后身片分别用 3.25mm 环针起 130 针，织 20 行下摆花样，再织 114 行平针。

2 开始用别线锁针法挑袖片的针，前后身片的针也一起往上圈织。

前领中心

平织10行
2—1—26
1—1—1

28针

3 圈织时，开始织前领花样，并在中心分领。

4 前领中心分开织麻花，同时进行插肩线减针。

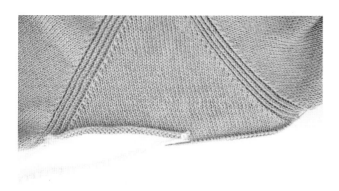

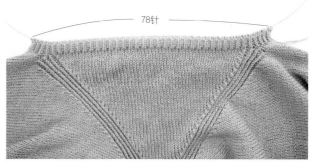

78针

5 把袖口别线挑针的线拆掉，针数都挑至环形针上。

6 用 3.0mm 环形针编织 6 行扭针单罗纹。

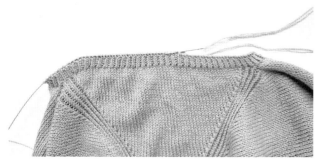

7 用缝针进行袖口收针。

8 最后用缝针将前、后身片腋下侧缝如图所示缝合。

饰带的编织方法

蓝调短袖衫

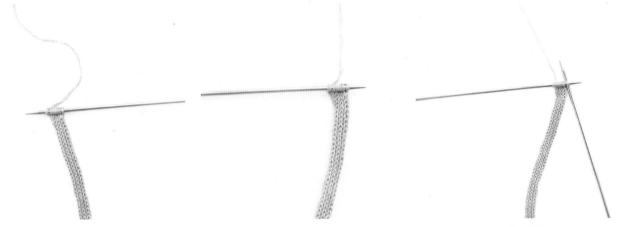

1 用 3.25mm 棒针起 5 针织平针。

2 5 针 1 行织完后，把所有的针圈滑到棒针另一端。

3 重复步骤 1~2 继续编织。

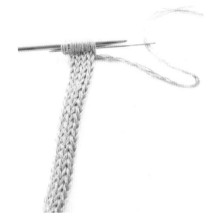

4 织够需要的长度后断线，从线头处穿入缝针，缝针直接穿过 5 针。

5 收紧开口处。

6 将线头藏好。

7 饰带就完成了。

粉紫色套头衫

编织方法见

第 109 页

粉紫色套头衫

材料:
中细羊毛线 粉紫色 600g

工具:
3.0mm、3.25mm 环形针，缝针

成品尺寸:
衣长 49cm、胸围 100cm 、
背肩宽 39.5cm、袖长 53cm

编织密度:
花样编织 30 针 ×37 行 /10cm

编织方法:

● 前后身片: 分片织，用 3.25mm 环形针起 300 针，编织 20 行 4 下针 3 上针，第 21 行用 2 针并 1 针分散减掉 150 针，第 22 行织上针，然后织 4 行双罗纹，开始排花样。

● 袖片: 起 120 针，编织 20 行 4 下针 3 上针下摆花样，第 21 行一次性减掉 60 针，第 22 行织上针，然后织 4 行双罗纹，开始排花样。

● 前片中心花边: 挑 140 针，编织 18 行 4 下针 3 上针后平收。

● 领口: 用 3.0mm 环形针挑 161 针，编织 12 行 4 下针 3 上针后平收。

结构图

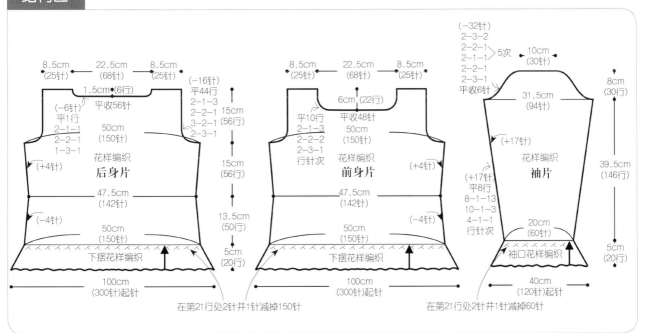

款式图

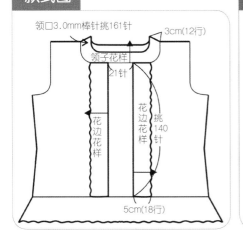

下摆花样编织

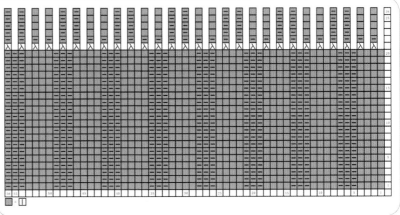

前身片花样编织图

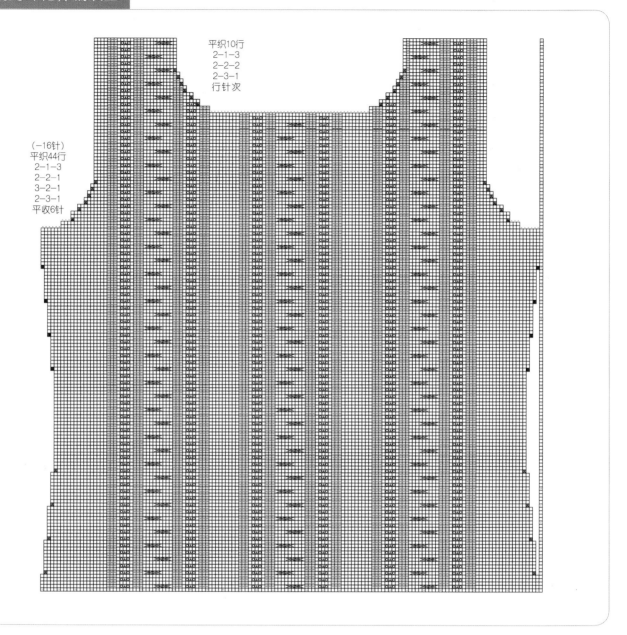

平织10行
2-1-3
2-2-2
2-3-1
行针次

(-16针)
平织44行
2-1-3
2-2-1
3-2-1
2-3-1
平收6针

前领口收针

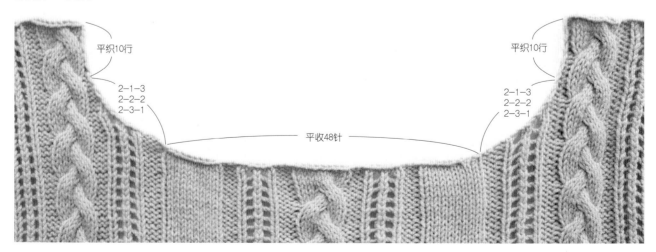

平织10行

2-1-3
2-2-2
2-3-1

平织10行

2-1-3
2-2-2
2-3-1

平收48针

后身片花样编织图

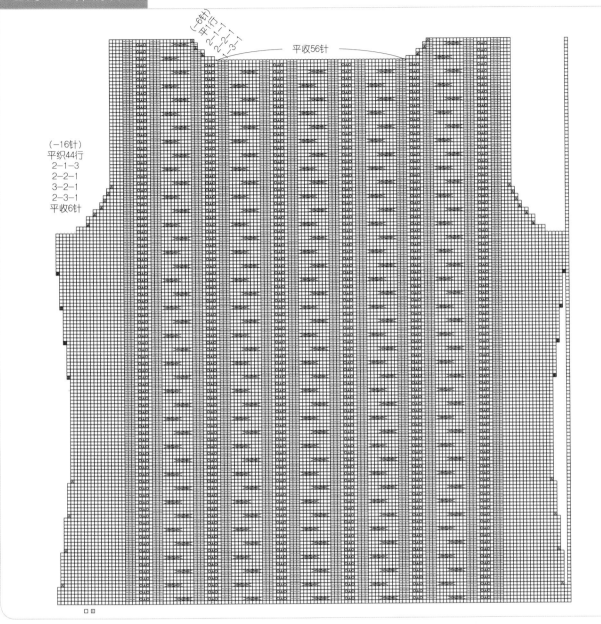

（-6针）
平行
2-1-1
2-2-1
2-3-1

平收56针

（-16针）
平织44行
2-1-3
2-2-1
3-2-1
2-3-1
平收6针

粉紫色套头衫

下摆花样

袖窝减针

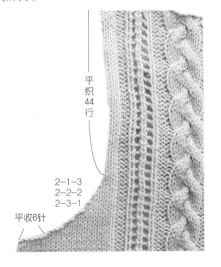

平织
44
行

2-1-3
2-2-2
2-3-1

平收6针

111

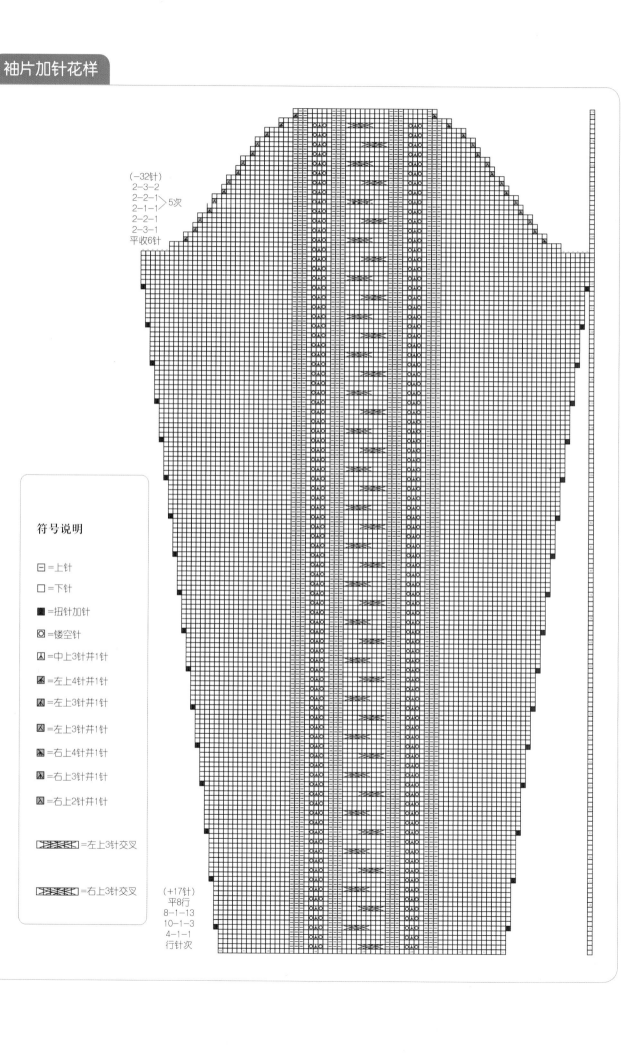

袖片加针花样

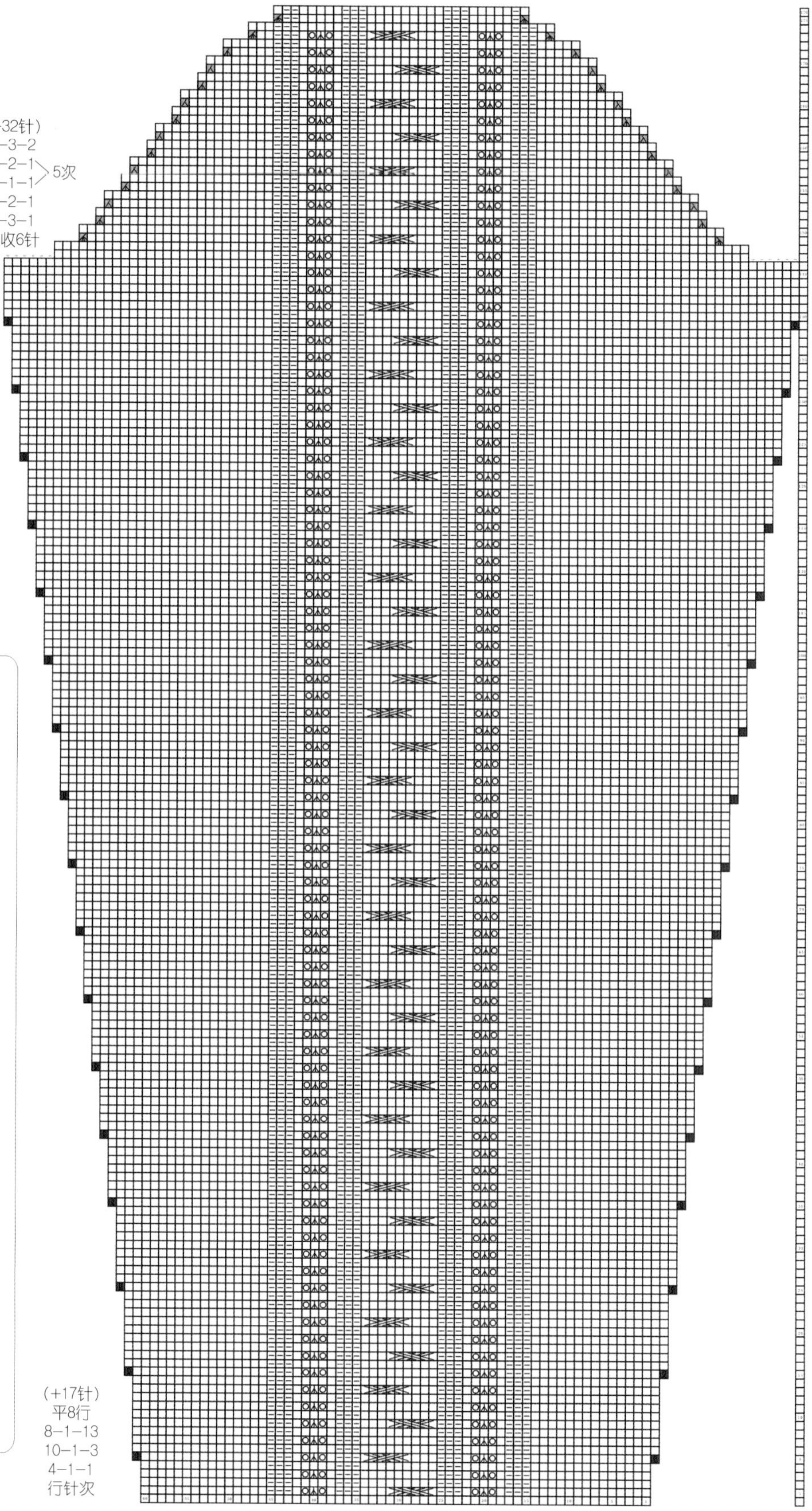

(-32针)
2-3-2
2-2-1
2-1-1 5次
2-2-1
2-3-1
平收6针
(+17针)
平8行
8-1-13
10-1-3
4-1-1
行针次

符号说明

- ⊟=上针
- □=下针
- =扭针加针
- O=镂空针
- =中上3针并1针
- =左上4针并1针
- =左上3针并1针
- =左上3针并1针
- =右上4针并1针
- =右上3针并1针
- =右上2针并1针
- =左上3针交叉
- =右上3针交叉

Lesson 20

粉紫色套头衫

手工坊 新书推荐 & 畅销书推荐

每册定价：34.80元

每册定价：34.80元

每册定价：38.00元

每册定价：38.00元

每册定价：42.80元

每册定价：34.80元

每册定价：34.80元

每册定价：34.80元

每册定价：39.80元

每册定价：32.80元

每册定价：32.80元

每册定价：42.80元

每册定价：42.80元

每册定价：32.80元

每册定价：42.80元

每册定价：35.00元

中国纺织出版社
官方微博

中国纺织出版社
官方微信

ISBN 978-7-5180-5047-5

9 787518 050475 >

定价：34.80元

手工坊轻松学编织
必备教程系列

简单学
轻松织

跟阿瑛轻松学钩针
实例详解篇
阿 瑛/编

你也可以轻松学会

从起针到加针、减针、缝合
超详细图解实例说明
让你简单学，轻松织

中国纺织出版社

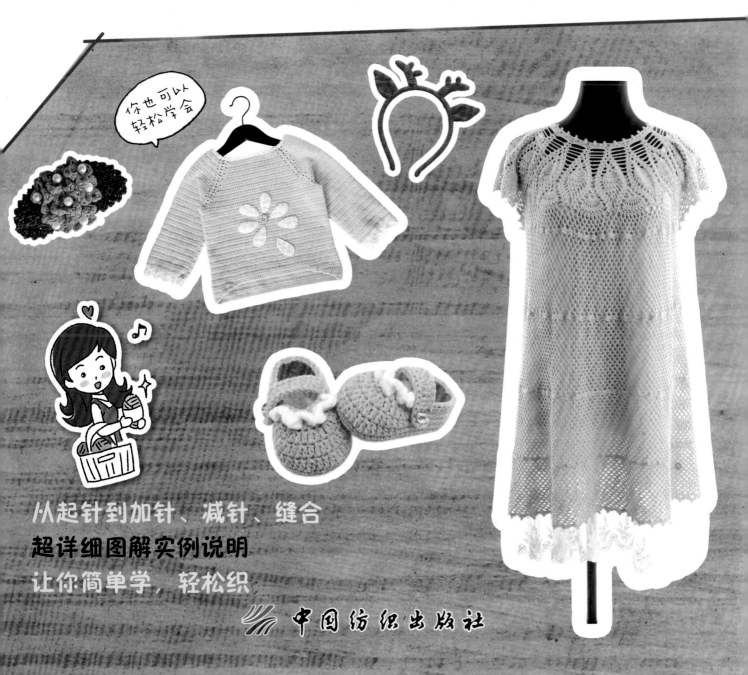

手工坊

毛衣编织系列图书

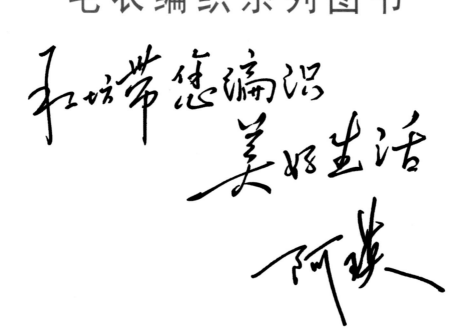